线弹性问题混合有限元方法

孙艳萍 著

黄河水利出版社
·郑州·

内 容 提 要

本书主要讨论线弹性方程，在 Hellinger-Reissner 变分形式的基础上，系统地构造了二维空间下的矩形和三角形单元，三维空间下的立方体和四面体单元等一系列简单稳定的单元. 对单元的适定性，收敛性，误差估计，以及二维、三维矩形和立方体单元的各向异性特征进行了深入的分析和系统的研究,并对二维协调的矩形单元和非协调的三角形单元进行了相应的数值实验.

本书可供计算数学相关领域的研究人员参考.

图书在版编目(CIP)数据

线弹性问题混合有限元方法/孙艳萍著. —郑州：黄河水利出版社,2022. 2

ISBN 978-7-5509-3169-5

Ⅰ. ①线… Ⅱ. ①孙… Ⅲ. ①弹性力学-方程 Ⅳ. ①O343

中国版本图书馆 CIP 数据核字(2021)第 244344 号

组稿编辑:王路平　电话:0371-66022212　E-mail:hhslwlp@126. com

出 版 社:黄河水利出版社　　网址:www. yrcp. com

地址:河南省郑州市顺河路黄委会综合楼 14 层　邮政编码:450003

发行单位:黄河水利出版社

发行部电话:0371-66026940、66020550、66028024、66022620(传真)

E-mail:hhslcbs@126. com

承印单位:河南新华印刷集团有限公司

开本:890 mm×1 240 mm　1/32

印张:3. 125

字数:110 千字

版次:2022 年 2 月第 1 版　　印次:2022 年 2 月第 1 次印刷

定价:30. 00 元

前　言

计算数学是应用数学的一个很重要分支,偏微分方程数值解是计算数学的重要领域.在数学计算中，极限、求导、积分等这些基本运算在固体力学、弹性力学、流体力学、电磁学等许多学科领域都具有相应的实际意义.在这些问题中,不同物理量之间相互制约平衡关系形成了许多偏微分方程. 许多复杂的实际物理问题对偏微分方程的数值解法提出了更高的要求.针对不同类型、不同边界条件的方程设计相应的稳定、高精度、高分辨率、适应间断问题、计算速度快的数值方法显得尤为重要. 因此,研究偏微分方程的数值解法有着十分重要的理论和现实意义. 求解偏微分方程的数值分析方法主要有两类:一类是有限差分法，即根据定解条件直接求解偏微分方程的近似解;另一类是建立与定解条件等效的积分提法，然后求近似解,如最小二乘法、Galerkin法、力矩法等.上述方法主要应用在几何形状规则的物体. 对于形状复杂的物体,有限元方法的出现是数值分析方法的重大突破.

本书在编写过程中得到了郑州大学博士生导师陈绍春的大力支持和帮助.另外,本书在编写过程中还引用了大量的参考文献.在此,谨向为本书的完成提供支持和帮助的所有研究人员和参考文献的原作者表示衷心的感谢!

由于作者水平有限,书中难免存在不妥之处,敬请广大读者朋友批评指正.

作　者

2021 年 9 月

目录

第1章 绪 论

计算数学是应用数学的一个很重要的分支,偏微分方程数值解是计算数学的重要领域. 在数学计算中,极限、求导、积分等这些基本运算在固体力学、弹性力学、流体力学、电磁学等许多学科领域都具有相应的实际意义. 在这些问题中,不同物理量之间相互制约平衡,形成了许多偏微分方程. 许多复杂的实际物理问题对偏微分方程的数值解法提出了更高的要求. 针对不同类型、不同边界条件的方程设计相应的稳定、高精度、高分辨率、适应间断问题、计算速度快的数值方法显得尤为重要. 因此,研究偏微分方程的数值解法有着十分重要的理论和现实意义. 求解偏微分方程的数值分析方法主要有两类:一类是有限差分法, 即根据定解条件直接求解偏微分方程的近似解;另一类是建立与定解条件等效的积分提法, 然后求近似解. 如最小二乘法、Galerkin 法、力矩法等. 上述方法主要应用在几何形状规则的物体. 对于形状复杂的物体,有限元方法的出现是数值分析方法的重大突破.

§1.1 有限元理论

有限元方法的首次成功尝试是将钢架位移法成功地应用到平面弹性问题,这是 Turner Clough 在分析飞机结构得到的,于 1956 年提出,第一次给出了用三角形单元求得平面应力问题. 1960 年,Turner Clough 进一步处理了平面弹性问题,并命名为有限元方法.

有限元方法是古典变分方法(Ritz-Galerkin 方法)与分片多项式插值相结合的产物,实质是根据变分原理用有限维空间的离散解来逼近无穷维空间的连续解. 其离散化思想最早由 R. Courant 于 1943 年提出. 20 世纪 60 年代,我国计算数学家冯康先生和西方科学家独立地奠定了有限元方法的理论基础. 有限元方法在弹性力学、固体力学、流体力学、电磁场等领域中得到广泛的推广和应用. 经过多年的研究和发展,已经建立了一套比较完整的数学基础和理论框架, 成为一门理论完善、应用广泛的数值计算方法.

有限元方法的应用已从平面弹性问题扩展到空间问题、板壳问题、波动问题. 分析的对象从弹性材料扩展到塑性材料、黏弹性材料、复合材料,从固体力学到流体力学等领域. 随着计算机技术的发展,使得有限元法具有了很大的现实意义,在工科计算中发挥重要作用.

有限元方法中最基本的部分是在变分原理基础上进行单元构造,并对空间离散, 形成刚度矩阵, 求解相应的方程组. 根据所构造单元的有限元解空间和真解所对应的函数空间的关系可分为协调元方法、非协调元方法. 构造单元的有限元解所满足的空间与函数的连续性空间密切相关. 具体到弹性问题在 Hellinger-Reissner 变分形式下,协调元要求所构造单元的离散空间应当包含于自然变分格式所得到的连续空间 $H(\mathrm{div},\Omega,\mathbb{S})$ 中, 即满足 $\boldsymbol{\tau}_h\boldsymbol{n}$ 跨过单元边界连续,其中 $\boldsymbol{\tau}_h$ 是原问题相应离散问题的应力解. 非协调元则不满足此性质,但仍可以得到单元的适定性,及构造弹性单元要满足的有界性和投影性质. 且相对于协调元来讲非协调元会具有更少自由度. 在三维空间中, 不管是协调元还是非协调元, 都会使得维数增大, 计算相对困难.

为了降低空间的维数或者说所构造的多项式次数, 可以把单元分成小单元, 用分片线性函数逼近有限元空间, 即宏元技巧. 通过这种方法处理的有限元空间比较复杂, 不够实用. 我们也可以采用非协调元的方法, 改善单元的性质, 提高精度.

无论是协调元还是非协调元,经典的有限元理论都要求剖分 T_h 的单元 K 的最大直径 h_K 和最大内切圆的直径 ρ_K 满足正则性条件和拟一致条件[1], 即 $\dfrac{h_K}{\rho_K}\leqslant C$ 和 $\dfrac{h}{h_{\min}}\leqslant C$, $h=\max\limits_{K\in T_h}h_K$, $h_{\min}=\min\limits_{K\in T_h}h_K$. 在实际应用中,有些问题的求解区域是窄边区域, 如复合材料非常薄的黏合层等. 如果采用正则性剖分, 只有网格非常密时才可以达到计算精度, 这样计算量很大, 不容易进行数值实验;另外,有些实际问题的真解仅沿某一方向变化剧烈, 而在其他方向上变化较为平缓. 例如, 标准的对流扩

散问题中解具有边界层或内部层的情形，此时标准的有限元方法会失去原有的精度. 如果能用各向异性网格来反映这种解的特征，即在具有奇性的方向上用较小的尺寸，而在垂直方向上使用较大的网格，即$\frac{h}{h_{\min}}$可以不满足正则性，还能降低自由度，保证最优误差估计. 需要注意的是，各向异性网格的应用会带来理论分析中新的问题：一是常规的 Sobolev 空间插值理论不再适用；二是采用非协调元时，估计相容误差会出现因子$\frac{|F|}{|K|}$. 如果在单元 K 的长边 F 仍采用传统的估计技巧，相容误差项将会趋向于无穷，不能得到收敛性. 由此可知，对于各向异性元需要引进新的估计方法和技巧.

关于各向异性有限元的研究，T Apel.[2]等提出了各向异性插值理论. 解决了插值误差估计的难题. 但由于该理论非常抽象，难以检验和应用. 陈绍春等[3]给出了一种判断单元是否具有各向异性特征的方法，并在文献[4-5]中利用 Newton 公式给予了 Lagrange 和 Hermite 型单元各向异性网格下插值误差估计的一个新方法. 此方法更易于操作. 进一步的结果参见文献[6]，分析了非协调板元在各向异性网格下的超收敛性. 文献[7]构造了 4 阶奇异摄动问题的各向异性非协调元. 文献[8]用双参数法改进了不具有各向异性的旋转 Q_1 元，使之在各向异性网格下收敛，并具有超收敛性. 文献[9-10]分别分析了 4 阶问题著名的 Moley 元和 ACM 元的各向异性收敛性. 文献[11]在各向异性网格下构造了 Locking-free 的平面弹性问题非协调三角形单元，等等.

混合元方法是一种重要的有限元方法，它对原问题通过引入中间变量，并在引入变量的基础上进行变分. 它实质上是一种基于限制或者约束条件的有限元方法. 这些引入的中间变量都有其相应的物理意义. 混合元方法在实际问题的数值计算中有着广泛的应用. 20 世纪 70 年代，Babuska 和 Brezzi 等建立了混合有限元方法的基本理论框架[12-14]. 通过引入中间变量将高阶的偏微分方程降阶，降低了有限元空间光滑性要求. 同时还可以用于求解含有两个(或以上)未知量的方程组(如 Navier-Stokes 方程、流体热动力学方程等). 混合元方法要求混合元空间满足著名的 BB 相容性条件(或叫 inf-sup 条件)[14]，这对低阶有限元空间来说不容易做到. 为了解决这一难题，出现了一些旨在绕开 BB 相容性条件限制的混合元方法. 例如:①对约束方程或边界条件用最小二乘逼近使格式稳定的最小二乘混合有限元法,可参见文献[15]的综述文章,线性和非线性抛物方程[16]，二阶椭圆方程[17]，Burger 方程[18]，磁流体方程[19]，传导对流方程[20]等. ②通过微分方程与有限元函数的一阶导数作内积生成变分问题的 H1-Galerkin 混合有限元方法，可参见 Sobolev 方程[21,22]，抛物方程[23,24]，半线性反应扩散方程[25]，强阻尼波动方程[26,27]等. ③通过对原变分问题加稳定项使不稳定的低阶元稳定的稳定化混合有限元法，这种方法对 Stokes 方程研究的比较多[28-32]，还有双调和方程[33]，Navier-Stokes 方程[34]等.

§1.2　弹性问题有限元综述

弹性问题的解有位移和应力两个重要的物理量. 由于应力解空间是对称矩阵空间，构造单元的难点是应力多项式要求满足矩阵的强对称条件，同时要保持其法向分量跨过单元边界连续，因此构造稳定的单元非常困难. 为保证满足上述两个条件和收敛性，历史上，曾采用复合网格，其位移空间由原网格上的分片多项式逼近，应力则定义在更加细分的网格上，参见文献[35-38]. 这使得计算格式变得比较复杂. 为克服应力空间要满足矩阵的强对称条件的困难，一些学者利用 Lagrange 乘子将应力的对称性条件引进变分形式，降低了对应力张量对称性的要求，构造了相应的单元并进行了理论分析，可参见文献[39-50]. 由于这不是本书要考虑的内容，我们对这些文献不再详细描述.

直到 2002 年，Douglas N. Arnold 在北京国际数学大会上的报告中讲到:20 世纪 60 年代开始，人们一直在研究弹性问题的混合元方法，但经过 40 余年的努力，始终未能构造出应力空间强对称且定义在单一网格上的稳定的有限元格式. 在文献[51]中 Arnold 等构造了一组保持应力空间对称性的稳定的混合有限元空间，且应力空间和位移空间的形函数定义在单个的三角形单元中，不用复合单元.

从此以后，一些稳定的并保持应力对称性的单元被提出，例如：①矩形类单元：文献[52]构造了一组协调的矩形单元，其中最低次数的单元，应力空间具有45个自由度，位移空间具有12个自由度，并构造了刚体运动下的应力空间和位移空间，其分别有36个和3个自由度的协调矩形单元．在这些单元中，应力空间自由度的选取均使用了矩形单元的顶点值．文献[53]进一步简化单元，构造了应力位移分别有17个和4个自由度的协调矩形单元，并且正应力分量的自由度不需要单元的顶点值．文献[54]将应力空间的多项式次数进一步降低，自由度数量进一步减少，构造了应力和位移具有10个和4个自由度的协调矩形单元．在三维空间中，受文献[53]启发，文献[55]构造了应力和位移分别具有72个和6个自由度的协调的立方体单元．文献[54]构造的协调立方体单元将自由度进一步减少，应力和位移空间分别具有21个和6个自由度．上述矩形和立方体单元均在正则网格上构造．②单纯形单元：文献[56]构造了一个协调的四面体单元，在应力和位移空间中分别具有162个和12个自由度．文献[57]将文献[51]的三角形单元推广到四面体单元最低阶情况，应力空间与文献[56]相同，但自由度形式与文献[56]不同，同时给出了对应的三维弹性复形．文献[58]利用通常的H_1协调四面体单元加上散度泡函数空间构造了一组特殊的弹性问题协调四面体单元.

上述协调元的一个缺点是这些单元构造中应力空间的自由度包括点值，即要保持应力在单元顶点的连续性．而在变分形式中，解空间不需要这么高的正则性．另一个缺点是三角形单元和四面体单元包含的自由度数量多．为了避免上述缺点，发展了非协调元，其应力的法向分量跨过单元边界是弱连续的．例如：①单纯形单元：文献[59]构造了一个非协调的三角形单元，应力空间具有15个自由度，位移空间具有6个自由度，应力空间是对二次多项式空间在每条边上各加一个约束条件，不够直观，自由度不含顶点的函数值．文献[60]构造了一组非协调的三角形单元，最低阶情况，应力空间是二次多项式空间，具有18个自由度，其中3个定义在顶点上，且与该点周围的单元有关，不是独立的. 文献[60]也给出了上述单元的简化形式，去掉了顶点自由度，自由度形式与文献[59]的相同，但形函数空间与文献[59]不同，比较复杂，且不是唯一确定的. 三维情况，文献[61]构造了一个非协调的四面体单元，应力空间具有 42 个自由度，位移空间具有 12 个自由度，自由度含顶点的函数值和棱上的积分值，应力空间是对二次多项式空间在每条棱上各加两个约束条件，不够直观. 文献[60]构造了一组非协调的四面体单元最低阶情况，应力空间是二次多项式空间，60 个自由度，其中 12 个定义在棱上，且与该棱周围的单元有关，不是独立的. 文献[60]也给出了上述单元的简化形式，去掉了棱上的自由度，自由度的形式与文献[61]相同，但形函数空间与文献[61]不同，比较复杂，且不是唯一确定的. 文献[61]对文献[60]中单元的缺陷做了描述. ②矩形类单元：文献[62]构造了一个非协调的矩形单元，应力空间具有 16 个自由度，位移空间具有 3 个自由度，应力的形函数空间比较复杂，位移用刚体运动空间. 文献[63]构造了一个非协调的矩形单元，应力空间具有 15 个自由度，位移空间具有 3 个自由度，应力的形函数空间是对二次多项式空间加一个约束条件，即应力的散度属于刚体运动空间. 文献[64]构造了一个非协调的矩形单元，应力空间具有 19 个自由度，位移空间具有 6 个自由度，应力空间的正应力分量是 Brezzi-Marini-Douglas-Fortin 空间[14]，剪切分量是 Serendipity 元的形函数空间[35]加上一个二次项. 文献[65]进一步构造了一个非协调矩形单元，简化了文献[64]的单元，应力空间具有 13 个自由度，位移空间具有 4 个自由度，应力空间的正应力分量是双线性空间，剪切分量类似于旋转 Q_1 元. 三维情况，文献[64]将它们的非协调矩形元推广到三维，构造了一个非协调长方体单元，应力空间具有 60 个自由度，位移空间具有 12 个自由度. 文献[66]构造了迄今为止最简单的一个非协调矩形单元和一个非协调的长方体单元，应力空间和位移空间分别具有(7+2)个和(15+3)个自由度.

§1.3 本书的创新工作

本书第3章中，我们构造了一个协调的矩形单元和一个协调的立方体单元[67]. 应力空间和位移空间分别具有(8+2)个和(18+3)个自由度，这两个单元进一步减少了前人所提出的协调矩形单元和协调立方体单元的自由度，是自由度最少的协调矩形单元和协调立方体单元，再减少自由度就得到文献[66]中的非协调元. 这两个单元与以往构造的单元更大的不同是：他们具有各向异性特征，即当剖分网格不满足正则性条件时，此两个单元仍然是稳定的和收敛的. 据我们所知,这是首次构造的各向异性弹性问题混合元.

在第4章中我们将第3章中的单元推广到高阶，证明当次数大于或等于4时应力的散度满足投影性质，据此得到单元的适定性和离散问题的唯一可解性及误差估计，并得到相应的弹性复形. 在文献[51-52]中构造一系列从低阶到高阶的单元中均需要计算空间 $M_k(K)$ 的维数，在三维空间构造四面体单元中，此空间维数的计算是个难点. 在文献[57]中用很大篇幅证明了三维 $k(k\geqslant4)$ 对称矩阵多项式空间中 $M_k(K)$ 的维数. 在文献[60]中利用刚体运动，对多项式空间进行直交分解，重新给出 $M_k(K)$ 空间的由自由度表示的等价形式,从而给出了二维三维单纯形单元下的空间 $M_k(K)$ 的维数，但是却不能给出此空间的一组显式基. 在第5章中我们从不同角度给出了一个方便直观地计算任意 k 值空间维数的一般方法,并用此方法验证了文献[57]中最低阶空间的维数，并给出了在参考单元上的显式基.

在本书第6章中，我们构造了一组非协调的三角形和四面体单元. 自由度形式简单，只定义在单元的面上和内部，形函数空间在参考元上显式给出，严格证明了单元的仿射等价性，易于进行数值编程. ①我们的单元与文献[59,61]中单元的比较：我们最低阶的三角形和四面体单元的自由度个数和形式与文献[59,61]的相同，但形函数空间定义不同，我们是显式给出的，上述文献并未给出显式基. 通过我们的构造可以证明单元的仿射等价性，并可以将其推广到任意阶.

而在上述文献中只给出最低阶单元且经过我们推导发现那种给法很难推广到任意阶.②我们的单元与文献[60]中单元的比较:文献[60]同样没有证明他们单元的仿射等价性,他们原始的一组单元的自由度比我们的多,且部分自由度定义在单元的顶点上(矩形元)或棱上(四面体元),同时这些自由度不是唯一确定的.他们简化的一组单元的自由度与我们的相同,但形函数空间不同,他们复杂且不是唯一确定的.

第 2 章　预备知识

在本章中，主要介绍书中所用到的基础知识，包括：Sobolev 空间的一些基本概念、定理和常用的不等式、有限元方法的基本理论、混合元理论及各向异性基本理论.

§ 2.1　关于 Sobolev 空间的一些概念、定理和常用不等式

设 $\mathbb{R}^n$ 为 n 维欧式空间，Ω 为 $\mathbb{R}^n$ 中的区域. 用 $L^p(\Omega)$ 表示定义在 Ω 上的 p 次可积函数全体，$L^\infty(\Omega)$ 表示 Ω 上本性有界的可测函数全体，则它们依范数

$$\| u \|_{L^p(\Omega)} = \left(\int_\Omega | u(x) |^p \mathrm{d}x\right)^{\frac{1}{p}}, 1 \leqslant p < \infty,$$

$$\| u \|_{L^\infty(\Omega)} = \operatorname{ess}\sup_{x\in\Omega} | u(x) |$$

构成为 Banach 空间. 特别的

(1) 当 $p=2$ 时为 Hilbert 空间 $L^2(\Omega)$，定义内积为 $(u,v) = \int_\Omega uv\mathrm{d}x$.

$C^m(\Omega)$ 表示区域 Ω 上 m 次连续可微的函数组成的集合，当 $m=\infty$ 时，简记作 $C^0(\Omega)$ 或 $C(\Omega)$. $C^m(\overline{\Omega})$ 表示 $C^m(\Omega)$ 中函数和偏导数均在区域 Ω 上有界和一致连续的函数组成的集合.

记 $\alpha=(\alpha_1,\cdots,\alpha_n)$ 为 n 重指标，$|\alpha|=\alpha_1+\alpha_2+\cdots+\alpha_n$，其中 $\alpha_1,\cdots,\alpha_n$ 为非负整数. 设 m 为非负整数，$C^m(\Omega)$ 上的偏微分算子记为

$$D^\alpha = \frac{\partial^{|\alpha|}}{\partial x_1^{\alpha_1}\cdots\partial x_n^{\alpha_n}}, |\alpha| \leqslant m.$$

记 $L^p_{\mathrm{loc}}(\Omega)$ 为区域 Ω 上的 Lebesgue 局部可积函数集合，对 $\forall\, 1\leqslant p<\infty$，

$$L^p_{\mathrm{loc}}(\Omega) = \{u; u|_{\Omega_1} \in L^p(\Omega_1), \forall \Omega_1 \subset\subset \Omega\}.$$

设 $u \in L^p_{\mathrm{loc}}(\Omega)$. 若 $\exists v \in L^p_{\mathrm{loc}}(\Omega)$,使得

$$\int_\Omega w D^\alpha \psi \mathrm{d}x = (-1)^{|\alpha|} \int_\Omega u\psi \mathrm{d}x, \forall \psi \in C_0^\infty(\Omega), \tag{2-1}$$

则称 u 是 w 的 $|\alpha|$ 阶广义导数,并记为 $u = D^\alpha w$.

设 $m \geqslant 0, 1 \leqslant p \leqslant \infty$,函数空间为

$$W^{m,p}(\Omega) = \{u: D^\alpha u \in L^p(\Omega), |\alpha| \leqslant m\},$$

依范数

$$\| u \|_{m,p} = \Big(\sum_{|\alpha| \leqslant m} \int_\Omega | D^\alpha u |^p \mathrm{d}x \Big)^{\frac{1}{p}}, 1 \leqslant p < \infty$$

$$\| u \|_{m,\infty} = \max_{|\alpha| \leqslant m} \| D^\alpha u \|_{0,\infty}$$

构成 Banach 空间,称作 Sobolev 空间,定义此空间上半范数

$$| u |_{m,p} = \Big(\sum_{|\alpha| = m} \int_\Omega | D^\alpha u |^p \mathrm{d}x \Big)^{\frac{1}{p}}, 1 \leqslant p < \infty$$

$$| u |_{m,\infty} = \max_{|\alpha| = m} \| D^\alpha u \|_{0,\infty}.$$

①设 $W_0^{m,p}(\Omega)$ 是 $C_0^\infty(\Omega)$ 的完备化空间,其范数定义为 $\| u \|_{m,p}$.

②设 $H^m(\Omega) = W^{m,2}(\Omega), H_0^m(\Omega) = W_0^{m,2}(\Omega)$,简记作 $|\cdot|_m = |\cdot|_{m,2}$. 此时 $H^m(\Omega), H_0^m(\Omega)$ 是 Hilbert 空间,其内积定义为

$$(u,v)_m = \sum_{|\alpha| \leqslant m} (D^\alpha u, D^\alpha v), u,v \in H^m(\Omega).$$

对于 Banach 空间 X 及实数 $T>0$, $L^p(0,T;X)$ 表示 X 空间中属于 $L^p(0,T)$ 的函数全体.

(2) $\forall \Phi \in L^p(0,T;X)$,相应的范数为

$$\| \Phi \|_{L^p(0,T;X)} = \int_0^T \| \Phi(\cdot,t) \|_X^p \mathrm{d}t < \infty, 1 \leqslant p < \infty,$$

$$\| \Phi \|_{L^\infty(0,T;X)} = \operatorname*{ess\,sup}_{0<t<T} \| \Phi(\cdot,t) \|_X.$$

对于积空间 $(W^{m,p}(\Omega))^l$ 上的内积和范数仍采用与相应空间 $W^{m,p}(\Omega)$ 同样的记号, 如

$$(w,q) = \int_\Omega (w_1 q_1 + w_2 q_2) \mathrm{d}x, \forall w = (w_1, w_2), q = (q_1, q_2) \in (L^2(\Omega))^2,$$

$$\| w \|_{m,\Omega} = (\| w_1 \|_{m,\Omega}^2 + \| w_2 \|_{m,\Omega}^2)^{\frac{1}{2}}, \forall w = (w_1, w_2) \in (H^m(\Omega))^2.$$

嵌入定理 设 $\Omega \subset \mathbb{R}^n$ 为有界区域,其边界 $\partial\Omega$ 是局部 Lipschitz 连

续的，m,k 为非负整数，$1\leqslant p<\infty$，则

$$W^{m+k,p}(\Omega)\hookrightarrow\begin{cases}W^{k,q}(\Omega),m<n/p,1\leqslant q\leqslant np/(n-mp),\\ W^{k,q}(\Omega),m=n/p,q\in[1,\infty),\text{特别的当 } p=1 \text{ 时}, q \text{ 可取 } \infty,\\ C^k(\overline{\Omega}),m>n/p.\end{cases}\tag{2-2}$$

迹算子　设有界区域 $\Omega\subset\mathbb{R}^n$ 具有 m 阶光滑的边界，$u\in C^m(\overline{\Omega})$，线性算子 $\gamma_0,\gamma_1,\cdots,\gamma_{m-1}$，则

$$\gamma_j(u)=\frac{\partial^j u}{\partial n^j}\bigg|_{\partial\Omega},j=0,1,\cdots,m-1,$$

称为迹算子，此处 $\dfrac{\partial^j}{\partial n^j}$ 表示沿边界外法向的 j 次方向导数.

迹定理[68]　设 $\Omega\subset\mathbb{R}^n$ 是界区域且具有 m 阶光滑的边界，$\forall u\in H^m(\Omega)$，则存在常数 C(与 u 无关)，使得

$$\|\gamma_j(u)\|_{0,\partial\Omega}\leqslant C\|u\|_{j+1},\forall u\in H^m(\Omega),0\leqslant j\leqslant m-1.\tag{2-3}$$

特别当 Ω 的边界 $\partial\Omega$ 具有 Lipschitz 连续时，则

$$\|\gamma_j(u)\|_{0,\partial\Omega}\leqslant C\|u\|_1,\forall u\in H^1(\Omega)\tag{2-4}$$

由于 $H_0^m(\Omega)$ 是 $C_0^\infty(\Omega)$ 的完备化空间，则由迹算子的定义得

$$H_0^m(\Omega)=\left\{u\in H^m(\Omega):\frac{\partial^j u}{\partial n^j}\bigg|_{\partial\Omega}=0,j=0,1,\cdots,m-1\right\}.$$

Green **公式**　设 $\Omega\in R^n$ 为有界区域，边界 $\partial\Omega$ 是 Lipschitz 连续，$\forall u,v\in H^1(\Omega)$，有

$$\int_\Omega u\cdot\partial_i v\mathrm{d}x=-\int_\Omega\partial_i u\cdot v\mathrm{d}x+\int_{\partial\Omega}\gamma(u)\gamma(v)\cdot v_i\mathrm{d}s,i=1,2,\cdots,n.$$

Hölder **不等式**[68]　设 $1<p,q<\infty$，且 $\dfrac{1}{p}+\dfrac{1}{q}=1$，且 $f\in L^p(\Omega)$，$g\in L^q(\Omega)$，则有

$$\left|\int_\Omega f(x)g(x)\mathrm{d}x\right|\leqslant\left(\int_\Omega|f(x)|^p\mathrm{d}x\right)^{\frac{1}{p}}\left(\int_\Omega|g(x)|^q\mathrm{d}x\right)^{\frac{1}{q}}.$$

Schwarz 不等式[68]　当 $p=q=2$ 时,由 Hölder 不等式得

$$\left|\int_{\Omega} f(x)g(x)\,\mathrm{d}x\right| \leqslant \left(\int_{\Omega}\left|f(x)\right|^{2}\mathrm{d}x\right)^{\frac{1}{2}}\left(\int_{\Omega}\left|g(x)\right|^{2}\mathrm{d}x\right)^{\frac{1}{2}}.$$

Minkowski 不等式　当 $1\leqslant p\leqslant\infty$ 及对 $\forall f(x),g(x)\in L^{p}(\Omega)$ 时,则有

$$\|f(x)+g(x)\|_{L^{p}(\Omega)} \leqslant \|f(x)\|_{L^{p}(\Omega)} + \|g\|_{L^{p}(\Omega)}.$$

设 $\Omega\subset\mathbb{R}^{n}$ 为连通且在一个方向上有界的区域,$\forall m\geqslant 0$,存在正数 C 使得

$$\|v\|_{m} \leqslant C|v|_{m},\ \forall v\in H_{0}^{m}(\Omega).$$

Poincaré 不等式[69]　设 Ω 为有界凸区域,$v\in H^{1}(\Omega)$ 且 $\int_{\Omega} v = 0$, 则有

$$\|v\|_{0} \leqslant \frac{d}{\pi}|v|_{1},$$

其中,d 是 Ω 的直径.

§2.2　有限元方法基本理论

将相应的变分原理应用到偏微分方程中,得到与原微分方程等价的变分问题:求 $u\in V$,使得

$$a(u,v)=f(v),\qquad \forall v\in V, \tag{2-5}$$

其中,V 是 Hilbert 空间,$a(u,v)$ 是从 $V\times V$ 到$\mathbb{R}$ 的双线性泛函,$f(\cdot)$ 是 V 到$\mathbb{R}$ 的连续线性泛函.

由下面的定理可得到上述变分问题解的存在唯一性.

Lax-Milgram 定理　设 V 是 Hilbert 空间,$a(u,v):V\times V\to R$ 是连续的双线性泛函,设 $a(u,v)$ 是 V 椭圆的,即 $\exists C>0$,有

$$|a(v,v)| \geqslant C\|v\|_{V}^{2},\qquad \forall v\in V,$$

则 $\forall f\in V'$,变分问题解存在唯一 $u\in V$,其中 V' 是 V 的共轭空间,$\|\cdot\|_{V}$ 表示 V 空间中定义的范数.

将变分问题变为相应的离散形式:求 $u_{h}\in V_{h}$ 使得

$$a(u_{h},v_{h})=f(v_{h}),\qquad \forall v_{h}\in V_{h}, \tag{2-6}$$

设 T_h 是区域 $\overline{\Omega}$ 上的一个剖分，将 $\overline{\Omega}$ 分割为有限个具有 Lipschitz 连续边界的，相互之间没有悬点的内部非空的有界闭集 K 的集合，即 $\overline{\Omega}=\cup\{K:K\in T_h\}$，其中 K 称为剖分单元.

(1) 记 h_K 为单元 K 的直径，ρ_K 为 K 的最大内切球直径，$h=\max\limits_{K\in T_h}h_K$，若 $\exists C$ 使 $T_h(0<h\leqslant 1)$ 满足

$$\frac{h_K}{\rho_K}\leqslant C,\ \forall K\in T_h,$$

则称剖分是正则的.

(2) 如果剖分不仅是正则的，而且 $\exists\gamma$，使得

$$\frac{h}{h_K}\leqslant\gamma,$$

则称剖分是拟一致的. 经常采用的剖分方式有三角剖分(三角形和四面体)、矩形剖分、长方体剖分、任意四边形剖分等.

有限元集合记为 $\{K,P,\Sigma\}$，其中 K 是剖分 T_h 的一个单元，P 和 Σ 分别是形函数空间和单元自由度.

对于两个有限元 $\{K,P,\Sigma\}$ 和 $\{\hat{K},\hat{P},\hat{\Sigma}\}$，若存在可逆的仿射变换 $F_K:\hat{K}\to K$，使得

$$K=F_K(\hat{K})$$

$$P=\{p=\hat{p}\circ F_K^{-1},\hat{p}\in\hat{P}\}$$

$$\sum=F_K(\hat{\sum})$$

则称这两个单元是仿射等价的. 如果一族有限元中的所有有限元都仿射等价于某一有限元 $\{\hat{K},\hat{P},\hat{\Sigma}\}$，则称这一族有限元为仿射族，这里一般 $\{\hat{K},\hat{P},\hat{\Sigma}\}$ 为参考单元.

记 $P_l(K)$ 为 K 上次数不超过 l 的多项式全体，$Q_l(K)$ 为 K 上双 l 次多项式全体，其中 $l\geqslant 0$ 是整数;

Bramble-Hilbert 引理[1]　设 Ω 为 $\mathbb{R}^n$ 中一个开集，具有 Lipschitz 连

续边界. 对整数 $k\geqslant 0, p\in[1,\infty)$, $f\in(W^{k+1,p}(\Omega))'$有

$$f(u)=0, \forall u\in P_k(\Omega),$$

那么,存在与 Ω 有关的常数 $C(\Omega)$, 使得

$$|f(v)|\leqslant C(\Omega)\|f\|^*_{k+1,p,\Omega}|v|_{k+1,p,\Omega}, \forall v\in W^{k+1,p}(\Omega) \quad (2\text{-}7)$$

其中, $\|f\|^*_{k+1,p,\Omega}=\sup\limits_{v\in W^{k+1,p}(\Omega)}\dfrac{|f(v)|}{\|v\|_{k+1,p,\Omega}}$.

插值定理[1]　给定一个有限元仿射族,假设正则剖分 $T_h=\bigcup\limits_{K\in T_h}K$, $\{\hat{K},\hat{P},\hat{\Sigma}\}$ 上成立下列关系

$$W^{k+1,p}(\hat{K})\hookrightarrow C^s(\hat{K})$$

$$W^{k+1,p}(\hat{K})\hookrightarrow W^{m,q}(\hat{K})$$

$$P_k(\hat{K})\subset\hat{P}\hookrightarrow W^{m,q}(\hat{K})$$

其中, s 为 $\hat{\Sigma}$ 中最高阶偏导数的阶数, $m,k\geqslant 0$, $1\leqslant p,q<\infty$. 则存在与 K 无关的常数 C, 使 $\forall K\in T_h$ 和 $v\in W^{k+1,p}(K)$, 有

$$|v-\Pi_K v|_{m,q,K}\leqslant C(h_K)^{\frac{n}{q}-\frac{n}{p}}h_K^{k+1-m}|v|_{k+1,p,K} \quad (2\text{-}8)$$

特别当 $p=q=2$ 时, 有

$$|v-\Pi_K v|_{m,K}\leqslant Ch_K^{k+1-m}|v|_{k+1,K} \quad (2\text{-}9)$$

这里 $\Pi_K v$ 是 v 在 K 上的插值算子, 即

$$\begin{cases}\hat{\Pi}_K\in L(W^{m+k,p}(\hat{K}),W^{k,q}(\hat{K}))\\ \hat{\Pi}_K\hat{p}=\hat{p}, \forall\hat{p}\in\hat{P}\\ \widehat{\Pi_K v}=\hat{\Pi}_K\hat{v}\end{cases} \quad (2\text{-}10)$$

设有限元空间 V_h 上的插值算子 $\Pi_h:\Pi_h|_K=\Pi_K$, 具有下面逼近性质:

$$\|v-\Pi_h v\|_{0,p}+h\|v-\Pi_h v\|_{1,p}+h^2\|v-\Pi_h v\|_{2,p}$$
$$\leqslant Ch^{k+1}\|v\|_{k+1,p}, \forall v\in W^{k+1,p}(\Omega) \quad (2\text{-}11)$$

逆不等式[1]　设剖分 T_h 是拟一致的, v_h 是 T_h 上分片多项式函数, $1\leqslant r,q<\infty$, $l\leqslant m$, 则 $\exists C=C(\sigma,\gamma,l,m,r,q)$, 使得

$$\left(\sum_{K\in T_h}|v_h|_{m,q,K}^q\right)^{\frac{1}{q}} \leqslant Ch^{-\max(0,\frac{n}{r}-\frac{n}{q})}h^{l-m}\left(\sum_{K\in T_h}|v_h|_{l,r,K}^r\right)^{\frac{1}{r}} \tag{2-12}$$

特别当 $r=q=2$ 时,有

$$\left(\sum_{K\in T_h}|v_h|_{m,K}^2\right)^{\frac{1}{2}} \leqslant Ch^{l-m}\left(\sum_{K\in T_h}|v_h|_{l,K}^2\right)^{\frac{1}{2}} \tag{2-13}$$

由此得有限元空间 $V_h\subset W^{1,p}(\Omega)$ 的常用逆不等式

$$\|v_h\|_{1,p} \leqslant Ch^{-1}\|v_h\|_{0,p}, 1\leqslant p<\infty, v_h\in V_h \tag{2-14}$$

Céa **引理**[1,69]　设双线性型 $a(\cdot,\cdot)$ 是连续且 V 椭圆的,则 $\exists C>0$,使得

$$\|u-u_h\|_V \leqslant C\inf_{v_h\in V_h}\|u-v_h\|_V \tag{2-15}$$

其中,u,u_h 分别为变分问题式(2-5)和离散问题式(2-6)的解.

由于

$$\inf_{v_h\in V_h}\|u-v_h\|_V \leqslant \|u-\Pi_h u\|_V$$

所以,协调元的误差估计归结为插值误差估计.

§2.3　混合有限元方法及理论

设 H 和 M 是 Hilbert 空间,$a(\cdot,\cdot)$ 和 $b(\cdot,\cdot)$ 分别是 $H\times H$ 和 $H\times M$ 上的双线性型,$F\in H'$,$G\in M'$. 考虑混合变分形式:求 $(u,p)\in H\times M$,使得

$$\begin{cases}a(u,v)+b(v,p)=F(v), \forall v\in H,\\ b(u,q)=G(q), \forall q\in M.\end{cases} \tag{2-16}$$

定义 2.3.1

(1)若存在常数 $\sigma_1>0$ 使得

$$|a(u,v)|\leqslant\sigma_1\|u\|_H\|v\|_H, \forall u,v\in H,$$

则称 $a(\cdot,\cdot)$ 在 $H\times H$ 上连续或有界.

(2)若存在常数 $\sigma_2>0$ 使得

$$|b(v,q)|\leqslant\sigma_2\|v\|_H\|q\|_M, \forall v\in H,q\in M,$$

则称 $b(\cdot,\cdot)$ 在 $H\times M$ 上连续或有界.

定义空间 $Z=\{v\in H|\ b(v,q)=0, \forall q\in M\}$.

定义 2.3.2

(1)若存在常数 $\alpha>0$ 使得

$$a(v,v) \geqslant \alpha \| v \|_H^2, \forall v \in Z,$$

则称 $a(\cdot,\cdot)$ 在 Z 上强制.

(2)若存在常数 $\beta>0$ 使得

$$\sup_{v\in H} \frac{b(v,q)}{\| v \|_H} \geqslant \beta \| q \|_M, \forall q \in M,$$

则称 $b(\cdot,\cdot)$ 满足 BB 条件.

混合变分问题式(2-16) 解的存在唯一性定理.

定理 2.3.1[14]　若 $a(\cdot,\cdot)$ 和 $b(\cdot,\cdot)$ 分别满足

(1) $a(\cdot,\cdot)$ 在 $H\times H$ 上连续且在 Z 上强制,

(2) $b(\cdot,\cdot)$ 在 $H\times M$ 上连续且满足 BB 条件,

则混合变分问题式(2-16)有唯一解: $(u,p)\in H\times M$,且存在只与 σ_1,α,β 有关的常数 $c>0$ 使得

$$\| u \|_H + \| p \|_M \leqslant c(\| F \|_{H'} + \| G \|_{M'}).$$

取有限元空间 H_h 和 M_h, 若 $H_h \subseteq H$ 且 $M_h \subseteq M$ 则称为协调元空间, 否则称为非协调元空间.

混合变分问题式(2-16)的离散格式:

求 $(u_h,p_h)\in H_h\times M_h$ 使得

$$\begin{cases} a_h(u_h,v_h) + b_h(v_h,p_h) = F(v_h), \forall v_h \in H_h, \\ b_h(u_h,q_h) = G(q_h), \qquad \forall q_h \in M_h, \end{cases} \tag{2-17}$$

其中

$$a_h(u_h,v_h) = \sum_K a(u_h,v_h)\mid_K, b_h(v_h,q_h) = \sum_K b(v_h,q_h)\mid_K,$$

当有限元空间是协调元时,

$$a_h(u_h,v_h) = a(u_h,v_h), b_h(v_h,q_h) = b(v_h,q_h).$$

设 $\|\cdot\|_{H_h}$ 和 $\|\cdot\|_{M_h}$ 为 H_h 和 M_h 上的模, 设

$$Z_h = \{v_h \in H_h \mid b_h(v_h,q_h) = 0, \forall q_h \in M_h\},$$

离散格式(2-17)有如下结论:

定理 2.3.2[14]　若 $a_h(\cdot,\cdot)$ 和 $b_h(\cdot,\cdot)$ 满足

(1) $a_h(\cdot,\cdot)$ 在 $H_h\times H_h$ 上连续,即存在常数 $C_1>0$ 使得

$$|a_h(u_h,v_h)|\leqslant C_1\|u_h\|_{H_h}\|v\|_{H_h},\forall u_h,v_n\in H_h,$$

(2) $a_h(\cdot,\cdot)$ 在 $Z_h\times Z_h$ 上强制,即存在与 h 无关的常数 $\alpha>0$, 使得

$$a_h(v_h,v_h)\geqslant\alpha\|v_h\|_{H_h}^2,\forall v_h\in Z_h,$$

(3) $b_h(\cdot,\cdot)$ 在 $H_h\times M_h$ 上连续,即存在常数 $C_2>0$ 使得

$$|b_h(v_h,q_h)|\leqslant C_2\|v_h\|_{H_h}\|q_h\|_{M_h},\forall v_h\in H_h,q_h\in M_h,$$

(4) $b_h(\cdot,\cdot)$ 在 $H_h\times M_h$ 上满足离散的 BB 条件, 即存在与 h 无关的常数 $\beta>0$ 使

$$\sup_{v_h\in H_h}\frac{b_h(v_h,q_h)}{\|v_h\|_{H_h}}\geqslant\beta\|q_h\|_{M_h},\forall q_h\in M_h.$$

则离散格式(2-17)有唯一解 $(u_h,p_h)\in H_h\times M_h$.

注 2.3.1　一般情况下 $Z_h\not\subseteq Z$, $a(\cdot,\cdot)$ 在 Z 强制时, 不一定在 Z_h 强制;连续 BB 条件成立时, 离散 BB 条件不一定成立.

当混合变分问题式(2-16)和离散格式(2-17)均有唯一解时,有误差估计:

定理 2.3.3　设 $(u,p)\in H\times M$ 和 $(u_h,p_h)\in H_h\times M_h$ 分别是混合变分问题式(2-16)和离散格式(2-17) 的解,则有误差估计

$$\|u-u_h\|_{H_h}+\|p-p_h\|_{M_h}\leqslant C(\inf_{v_h\in H_h}\|u-v_h\|_{H_h}+\inf_{q_h\in M_h}\|p-q_h\|_{M_h}+Q_{1h}+Q_{2h},$$

其中

$$Q_{1h}=\sup_{w_h\in H_h}\frac{a_h(u,w_h)+b_h(w_h,p)-F(w_h)}{\|w_h\|_{H_h}},$$

$$Q_{2h}=\sup_{S_h\in M_h}\frac{|b_h(u,s_h)-G(s_h)_h|}{\|s_h\|_{M_h}}.$$

注 2.3.2　定理 2.3.3 的结论协调元也适用. 若混合空间是协调元, 则有误差估计为

$$\|u-u_h\|_H+\|p-p_h\|_M\leqslant C(\inf_{v_h\in H_h}\|u-v_h\|_H+\inf_{q_h\in M_h}\|p-q_h\|_M.$$

§2.4 各向异性基本理论

各向异性有限元理论最早由 T. Apel 等提出，随后陈绍春、石东洋等在基础理论和应用方面做了进一步深入的研究，取得了一系列成果.

各向异性插值理论[2]　设插值算子 $\hat{\Pi}_K: W^{k+1,p}(\hat{K})\to\hat{P}$ 满足式(2-10)，α 是多重指标，$|\alpha|=l$，$j=\dim\hat{D}^\alpha\hat{P}$，若存在线性泛函 F_i，$i=1,\cdots,j$ 满足

$$\begin{cases} F_i\in(W^{k+l+1,p}(\hat{K}))',i=1,\cdots,j,\\ F_i(\hat{D}^\alpha(\hat{v}-\hat{\Pi}_K\hat{v}))=0,i=1,\cdots,j,\forall\hat{v}\in W^{k+1,p}(\hat{K}),\\ \hat{w}\in P_k(\hat{K}),F_i(\hat{D}^\alpha\hat{w})=0,i=1,\cdots,j,\text{则 }\hat{D}^\alpha\hat{w}=0. \end{cases}\tag{2-18}$$

则存在常数 $\hat{C}(\hat{\Pi}_K,\hat{K})$ 使得

$$|\hat{D}^\alpha(\hat{v}-\hat{\Pi}_K\hat{v})|_{m-l,q,\hat{K}}\leqslant\hat{C}(\hat{\Pi}_K,\hat{K})|\hat{D}^\alpha\hat{v}|_{k+1-l,p,\hat{K}},\forall\hat{v}\in W^{k+1,p}(\hat{K})\tag{2-19}$$

要构造满足条件式(2-18)的有限元空间并不容易. 所以，陈绍春、石东洋等做了进一步的改进工作.

各向异性基本定理 1[3]　设插值算子 $\hat{\Pi}_K: W^{k+1,p}(\hat{K})\to\hat{P}$ 满足式(2-10)，$|\alpha|=l$，$j=\dim\hat{D}^\alpha\hat{P}$，$P_{k-l}(\hat{K})\subset\hat{D}^\alpha\hat{P}$. 若存在线性算子

$$\hat{T}:W^{k+1-l,p}(\hat{K})\to\hat{D}^\alpha\hat{P}$$

满足 $\hat{T}\in L(W^{k+1-l,p}(\hat{K});W^{m-l,q}(\hat{K}))$ 且

$$\hat{D}^\alpha\hat{\Pi}_K\hat{v}=\hat{T}\hat{D}^\alpha\hat{v}\overset{\triangle}{=}\sum_{i=1}^{j}\beta_i(\hat{v})\hat{q}_i,\forall\hat{v}\in W^{k+1,p}(\hat{K}).\tag{2-20}$$

则 $\hat{\Pi}_K$ 具有各向异性特征，即式(2-19)成立.

该定理是对 Apel 等提出的插值定理的提升，上述两个定理的条件都是构造性的，不易检验，下面定理给出了具体的、便于检验各向异

性特征的条件,使得各向异性单元的论证和构造更为简单.

各向异性基本定理 2[3]　设插值算子 $\hat{\Pi}_K: W^{k+1,p}(\hat{K}) \to \hat{P}$ 满足式(2-10),$|\alpha|=l, j=\dim \hat{D}^\alpha \hat{P}$,若式(2-20)中的 $\beta_i(\hat{v})$ 可表示为

$$\beta_i(\hat{v}) = F_i(\hat{D}^\alpha \hat{v}), \quad 1 \leqslant i \leqslant j, \tag{2-21}$$

其中

$$F_j \in (W^{k+1-l,p}(\hat{K}))', 1 \leqslant i \leqslant j, \tag{2-22}$$

则式(2-19)成立.

第 3 章　各向异性的最简单矩形和立方体混合协调单元

本章中构造了具有最少自由度的二维三维矩形 $R8-2$ 和立方体单元 $C18-3$. 矩形单元在应力和位移空间中分别为 8 个和 2 个自由度. 立方体单元, 在应力和位移空间中分别为 18 个和 3 个自由度. 由于所构造单元不满足关于散度的投影性质,因此我们采用了构造的方法证明了离散 BB 条件,即混合元的唯一可解性条件. 在此基础上进一步分析,发现了单元的各向异性特征, 并由此特征得到了单元的误差估计.

令 $\boldsymbol{v}=(v_1,\cdots,v_d)^{\mathrm{T}}$ 是 d 维向量值空间,$d=2$ 或 3. 向量的梯度算子定义为 $\mathrm{grad}\boldsymbol{v}$,是通过对向量的每一个分量 $\boldsymbol{v}$ 进行普通梯度运算并将运算结果作为矩阵的行向量形成的矩阵函数空间. 同样,$\boldsymbol{\tau}=(\tau_{ij})_{d\times d}$ 是张量空间,散度定义为 $\mathrm{div}\boldsymbol{\tau}$,通过对矩阵 $\boldsymbol{\tau}$ 的每行应用散度算子得到的向量.

$$\mathrm{grad}\boldsymbol{v}=\begin{pmatrix}\dfrac{\partial v_1}{\partial x_1} & \dfrac{\partial v_1}{\partial x_2}\\[2mm] \dfrac{\partial v_2}{\partial x_1} & \dfrac{\partial v_2}{\partial x_2}\end{pmatrix},\quad \mathrm{div}\boldsymbol{\tau}=\begin{pmatrix}\dfrac{\partial \tau_{11}}{\partial x_1}+\dfrac{\partial \tau_{12}}{\partial x_2}\\[2mm] \dfrac{\partial \tau_{21}}{\partial x_1}+\dfrac{\partial \tau_{22}}{\partial x_2}\end{pmatrix},\quad d=2.$$

$$\mathrm{grad}\boldsymbol{v}=\begin{pmatrix}\dfrac{\partial v_1}{\partial x_1} & \dfrac{\partial v_1}{\partial x_2} & \dfrac{\partial v_1}{\partial x_3}\\[2mm] \dfrac{\partial v_2}{\partial x_1} & \dfrac{\partial v_2}{\partial x_2} & \dfrac{\partial v_2}{\partial x_3}\\[2mm] \dfrac{\partial v_3}{\partial x_1} & \dfrac{\partial v_3}{\partial x_2} & \dfrac{\partial v_3}{\partial x_3}\end{pmatrix},\quad \mathrm{div}\boldsymbol{\tau}=\begin{pmatrix}\sum\limits_{j=1}^{3}\dfrac{\partial \tau_{1j}}{\partial x_j}\\[2mm] \sum\limits_{j=1}^{3}\dfrac{\partial \tau_{2j}}{\partial x_j}\\[2mm] \sum\limits_{j=1}^{3}\dfrac{\partial \tau_{3j}}{\partial x_j}\end{pmatrix},\quad d=3.$$

本书中,$H^k(T,X)$ 定义了集合 $T\subset\mathbb{R}^d$ 上的函数空间,其函数值属

于有限维空间 X 且 k 阶导数是 $L^2(T)$ 空间上的函数. 如果 X 取遍$\mathbb{R}$, 则记为 $H^k(T)$. $H^k(T,X)$上的范数定义为 $\|\cdot\|_{k,T}$. 空间 $P_{k_1,k_2}(T,\mathbb{R})(k_1, k_2$ 是整数), 记作 P_{k_1,k_2},是 T 上 x_1 次数不大于 k_1 且 x_2的次数不大于 k_2 的向量空间. 令 $P_{k_1,k_2}=:\{0\}$, 若 k_1 或 k_2 是负整数. $P_k(T,\mathbb{R})$ 是变量 x_1,x_2次数不大于 k 的多项式集合. 将上述符号推广到三维空间. 令$\mathbb{S}$ 定义对称张量. 空间 $L^2(T,\mathbb{R}^d)$ 是平方可积的向量值函数集合. 空间 $H(div,T,\mathbb{S})$ 是散度平方可积的对称矩阵集合. 范数 $\|\cdot\|_{H(\mathrm{div},T)}$ 定义为 $\|\boldsymbol{\tau}\|^2_{H(\mathrm{div},T)}=\|\boldsymbol{\tau}\|^2_{0,T}+\|\mathrm{div}\boldsymbol{\tau}\|^2_{0,T}$.

假设弹性物体所占区域 Ω 是$\mathbb{R}^d$ 上单连通的多角形区域, 在外力 f 作用下在其边界$\partial\Omega$ 是固支的. 连续问题: 求$(\boldsymbol{\sigma},\boldsymbol{u})\in H(\mathrm{div},\Omega,\mathbb{S})\times L^2(\Omega,\mathbb{R}^d)$满足

$$\begin{cases}a(\boldsymbol{\sigma},\boldsymbol{\tau})+b(\boldsymbol{\tau},\boldsymbol{u})=0, & \forall\boldsymbol{\tau}\in H(\mathrm{div},\Omega,\mathbb{S})\\ b(\boldsymbol{\sigma},\boldsymbol{v})=(\boldsymbol{f},\boldsymbol{v}), & \forall\boldsymbol{v}\in L^2(\Omega,\mathbb{R}^d)\end{cases}\tag{3-1}$$

其中 $a(\boldsymbol{\sigma},\boldsymbol{\tau})=\int_\Omega A\sigma:\boldsymbol{\tau}\mathrm{d}x$, $b(\boldsymbol{\tau},\boldsymbol{u})=\int_\Omega\mathrm{div}\boldsymbol{\tau}\cdot\boldsymbol{u}\mathrm{d}x$, $(\boldsymbol{f},\boldsymbol{v})=\int_\Omega\boldsymbol{f}\cdot\boldsymbol{v}\mathrm{d}x$, 在本书中张量 $A=A(x):\mathbb{S}\to\mathbb{S}$ 表示材料的性质, 在 $x\in\Omega$ 是有界对称正定矩阵.

§ 3.1　二维矩形单元 *R*8-2

在本节中, 我们用有限元方法求解问题式(3-1),给出两个单元,一个是在二维空间下的矩形单元,另一个是三维空间下的立方体单元. 令 $K=[0,1]^2$是参考单元,a_i是顶点且 e_i是 K 的边, $i=1, 2, 3, 4$, (参考图 3-1). 对给定单元 K 的边 e_i,$\boldsymbol{n}=(n_1,n_2)$定义了单元相应边的单位外法向量. $\boldsymbol{t}=(-n_2,n_1)$定义了单元相应边的单位切向量. 定义

$$\sum\nolimits_K^*=\begin{pmatrix}P_{2,0} & P_{1,1}\\ P_{1,1} & P_{0,2}\end{pmatrix}, V_K^*=\begin{pmatrix}P_{10}\\ P_{01}\end{pmatrix},$$

和形函数空间

$$\sum\nolimits_K=\{\boldsymbol{\tau}\in\sum\nolimits_K^*,\mathrm{div}\boldsymbol{\tau}\in V_K\}, V_K=(P_0,P_0)^{\mathrm{T}}\tag{3-2}$$

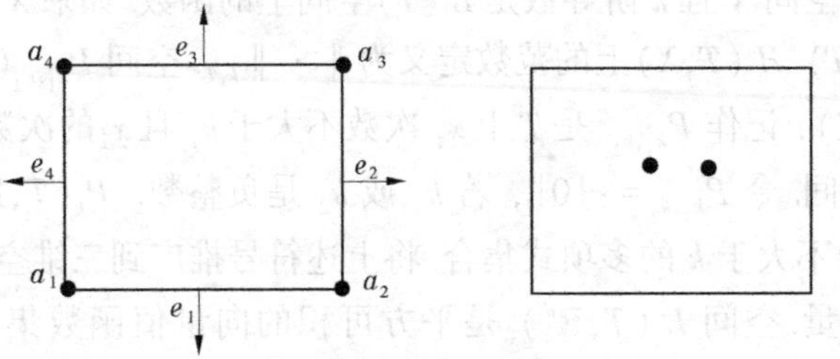

图 3-1　二维空间应力和位移自由度

则，空间 V_K 的维数是 2 且给出此空间的自由度 $\int_K \boldsymbol{v}\mathrm{d}x, \boldsymbol{v} \in V_K$. 由于映射 $\mathrm{div}: \Sigma_K^* \to V_K^*$ 是满射且 $\mathrm{div}^{-1}(V_K^*) = \Sigma_K^*$.

计算 Σ_K 的维数是：$\dim\Sigma_K = \dim\Sigma_K^* - \dim V_K^* + \dim V_K = 10-4+2 = 8$.

从而可以得到 Σ_K 空间的显示表达式：

$$\Sigma_K = \begin{pmatrix} P_{1,0}(K) & P_1(K) \\ P_1(K) & P_{0,1}(K) \end{pmatrix}_{\mathbb{S}} \oplus \tau_0 \tag{3-3}$$

其中

$$\tau_0 = \begin{pmatrix} -\dfrac{1}{2}x_1^2 & x_1x_2 \\ x_1x_2 & -\dfrac{1}{2}x_2^2 \end{pmatrix}$$

Σ_K 空间的自由度如下（参考图 3-1）：

$$\begin{aligned} &\cdot\ \tau_{11} \text{ 在单元 } K \text{ 的边 } e_2 \text{ 和 } e_4 \text{ 上的零阶矩（2 个自由度）；} \\ &\cdot\ \tau_{22} \text{ 在单元 } K \text{ 的边 } e_1 \text{ 和 } e_3 \text{ 上的零阶矩（2 个自由度）；} \\ &\cdot\ \tau_{12} \text{ 在单元 } K \text{ 的顶点上的值（4 个自由度）.} \end{aligned} \tag{3-4}$$

引理 3.1.1　矩阵 $\tau \in \Sigma_K$ 由上面 8 个自由度唯一确定.

证明：只需证明当所有自由度为零时 $\tau = 0$. 由 τ 的结构，$\tau_{11}|_{e_4} = \tau_{11}|_{x_1=0} \in P_0(e_4)$，$\tau_{11}|_{e_2} = \tau_{11}|_{x_1=1} \in P_0(e_2)$，再由 τ_{11} 的自由度，有

$$\tau_{11}|_{e_2}=\tau_{11}|_{e_4}=0,\tau_{11}=cx_1(1-x_1),$$

同理

$$\tau_{22}|_{e_1}=\tau_{22}|_{e_3}=0,\tau_{22}=cx_2(1-x_2).$$

由 $\tau_{12}|_{e_i}\in P_1(e_i)$，$\tau_{12}$ 在边 e_i 上为零，且

$$\boldsymbol{\tau n}|_{\partial K}=0. \tag{3-5}$$

由于 $\tau_{12}\in P_{11}(K)$ 和 τ_{12} 在 K 的 4 个顶点为零，因此

$$\tau_{12}=0.$$

由 τ 的结构，$\tau_{11}\in P_{10}(K)$，$\tau_{22}\in P_{01}(K)$，且 $\tau_{11}=cx_1(1-x_1)$，$\tau_{22}=cx_2(1-x_2)$，有 $\tau_{11}=\tau_{22}=0$.

相应 K 上的插值算子 Π 定义如下：

$$\begin{cases}\int_{e_i}(\tau_{11}-\Pi\tau_{11})\mathrm{d}l=0, & i=2,4,\\ \int_{e_i}(\tau_{22}-\Pi\tau_{22})\mathrm{d}l=0, & i=1,3,\\ (\tau_{12}-\Pi\tau_{12})(a_i)=0, & 1\leqslant i\leqslant 4.\end{cases}$$

假设将矩形 $\Omega=[a_1,a_2]\times[b_1,b_2]$ 在水平方向分成 N 份，在竖直方向分成 M 份. $a_1=x_0<x_1<\cdots<x_N=a_2$，$b_1=y_0<y_1<\cdots<y_M=b_2$，$K_{ij}=[x_{i-1},x_i]\times[y_{j-1},y_j]$，$1\leqslant i\leqslant N$，$1\leqslant j\leqslant M$，$h_{1i}=x_i-x_{i-1}$，$h_{2j}=y_j-y_{j-1}$，$h=\max\limits_{\substack{1\leqslant i\leqslant N\\1\leqslant j\leqslant M}}(h_{1i},h_{2j})$. $\Gamma_h=\{K_{ij},1\leqslant i\leqslant N,1\leqslant j\leqslant M\}$，$\bigcup\limits_{\substack{1\leqslant i\leqslant N\\1\leqslant j\leqslant M}}K_{ij}=\overline{\Omega}$. 设 K 到 K_{ij} 的仿射变换 $\boldsymbol{x}^{(i,j)}=F_{ij}(\boldsymbol{x})$：$x^{(i,j)}=x_{i-1}+h_{1i}x$，$y^{(i,j)}=y_{j-1}+h_{2j}y$.

定义 K_{ij}上的形函数空间如下

$$\sum\nolimits_{ij}=\sum\nolimits_{K}\circ F_{ij}^{-1}(\boldsymbol{x}^{(i,j)})=\begin{pmatrix}P_{1,0}(K_{ij}) & P_1(K_{ij})\\ P_1(K_{ij}) & P_{0,1}(K_{ij})\end{pmatrix}\oplus\boldsymbol{\tau}_0\circ F_{ij}^{-1}(\boldsymbol{x}^{(i,j)}).$$

K_{ij}的自由度由式(3-4)定义. 相应 K_{ij} 的插值算子 Π_{ij} 定义如下

$$\begin{cases}\int_{e_m}(\tau_{11}-\Pi_{ij}\tau_{11})\mathrm{d}l=0, & m=2,4,\\ \int_{e_m}(\tau_{22}-\Pi_{ij}\tau_{22})\mathrm{d}l=0, & m=1,3,\\ (\tau_{12}-\Pi_{ij}\tau_{12})(a_m)=0, & 1\leqslant m\leqslant 4.\end{cases} \tag{3-6}$$

显然 Π_{ij} 是仿射等价，$\Pi_{ij}\boldsymbol{\tau}(\boldsymbol{x}^{(i,j)})=\Pi\boldsymbol{\tau}(\boldsymbol{x})$，且 $\Pi_{ij}\boldsymbol{\tau}=\boldsymbol{\tau},\ \forall\boldsymbol{\tau}\in P_0(K_{ij},\mathbb{S})$.

定义应力有限元空间

$$\Sigma_h=\{K_{ij}\in\Sigma_{ij},[\boldsymbol{\tau n}]|_l=0,\ \forall l\subset\partial K_{ij},\forall K_{ij}\in\Gamma_h\}\tag{3-7}$$

定义 Ω 上有限元插值算子 Π_h，$\Pi_h|_{K_{ij}}=\Pi_{ij}$，$1\leqslant i\leqslant N,1\leqslant j\leqslant M$.

§3.2　三维空间上的 $C18-3$ 单元

接下来我们将给出三维空间上具有最少自由度的单元. 令 $K=[0,1]^3$是参考单元，$a_i(1\leqslant i\leqslant 8)$ 是 K 的顶点. $\boldsymbol{n}=(n_1,n_2,n_3)$ 是面的法向量. 定义

$$\Sigma_K^*=\begin{pmatrix}P_{200}&P_{110}&P_{101}\\P_{110}&P_{020}&P_{011}\\P_{101}&P_{011}&P_{002}\end{pmatrix},V_K^*=\begin{pmatrix}p_{100}\\p_{010}\\p_{001}\end{pmatrix},$$

$$\Sigma_K=\{\boldsymbol{\tau}\in\Sigma_K^*,\mathrm{div}\boldsymbol{\tau}\in V_K,\},V_K=(p_0,p_0,p_0)^{\mathrm{T}},\tag{3-8}$$

由上述空间定义，$\dim V_K=3$ 且 V_K的自由度是三个内部积分.

显然有 $\dim\Sigma_K=\dim\Sigma_K^*-\dim V_K^*+\dim V_K=21-6+3=18$. 我们能够推导出$\Sigma_K$的显示表达式：

$$\Sigma_K=\begin{pmatrix}P_1(x_1)&P_1(x_1,x_2)&P_1(x_1,x_3)\\P_1(x_1,x_2)&P_1(x_2)&P_1(x_2,x_3)\\P_1(x_1,x_3)&P_1(x_2,x_3)&P_1(x_3)\end{pmatrix}_{\mathbb{S}}\oplus$$

$$\left\{\begin{pmatrix}-\frac{1}{2}x_1^2&x_1x_2&0\\x_1x_2&-\frac{1}{2}x_2^2&0\\0&0&0\end{pmatrix},\begin{pmatrix}-\frac{1}{2}x_1^2&0&x_1x_3\\0&0&0\\x_1x_3&0&-\frac{1}{2}x_3^2\end{pmatrix},\begin{pmatrix}0&0&0\\0&-\frac{1}{2}x_2^2&x_2x_3\\0&x_2x_3&-\frac{1}{2}x_3^2\end{pmatrix}\right\}$$

$$=\widetilde{\sigma}\oplus\{\sigma_1,\sigma_2,\sigma_3\},\tag{3-9}$$

其中

$$P_1(x_i) = \mathrm{span}\{1, x_i\},\ P_1(x_i, x_j) = \mathrm{span}\{1, x_i, x_j\}.$$

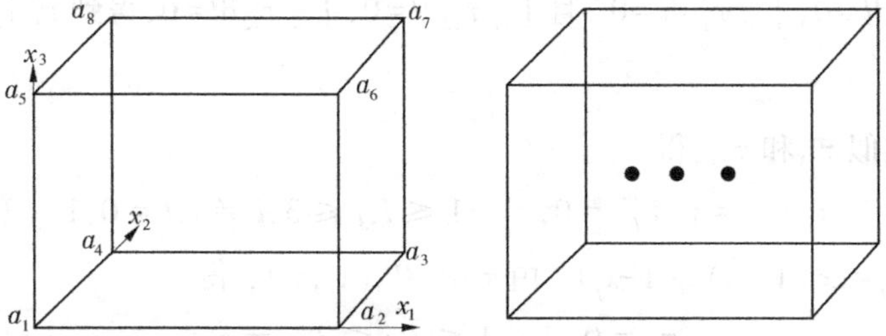

图 3-2　三维应力和位移空间的自由度

此单元自由度如下(参考图 3-2)：

$$\begin{aligned}
&\cdot\ \tau_{ii}\text{在面 } x_i = 0 \text{ 上的零阶矩且 } x_i = 1, 1 \leqslant i \leqslant 3,\\
&\cdot\ \tau_{12}\ \text{在边 } a_1a_5, a_2a_6, a_3a_7, a_4a_8 \text{ 上的零阶矩；}\\
&\cdot\ \tau_{13}\ \text{在边 } a_1a_4, a_2a_3, a_5a_8, a_6a_7 \text{ 上的零阶矩；}\\
&\cdot\ \tau_{23}\ \text{在边 } a_1a_2, a_4a_3, a_5a_6, a_8a_7 \text{ 上的零阶矩.}
\end{aligned} \tag{3-10}$$

引理 3.2.1　矩阵 $\tau \in \sum_K$ 由上述 18 个自由度唯一确定.

证明当 τ 的自由度为零时 $\tau = 0$. 定义 K 的面 $F_{ij}, 1 \leqslant i \leqslant 3$, $\mathrm{mod}(3), 0 \leqslant j \leqslant 1, F_{ij} = [0,1]^2$, 在面 $x_{i-1}x_{i+1}$ 上令 $x_i = j$. 因此有

$$\tau_{ii}\big|_{x_i=j} \in P_0(F_{ij}),\qquad 1 \leqslant i \leqslant 3, j = 0,1$$

$$\tau_{12}\big|_{x_1=j} \in \mathrm{span}\{1, x_2\}, \tau_{13}\big|_{x_1=j} \in \mathrm{span}\{1, x_3\}, \tau_{23}\big|_{x_2=j} \in \mathrm{span}\{1, x_3\}.$$

因为 $\tau, \tau_{ii}\big|_{F_{ij}} \in P_0(F_{ij})$, 由 τ_{ii} 的自由度, 得

$$\tau_{ii}\big|_{F_{ij}} = 0, 1 \leqslant i \leqslant 3, j = 0, 1. \tag{3-11}$$

由 $\tau_{12} \in P_{11}(x_1, x_2), \tau_{12}\big|_{F_{10}} \in \mathrm{span}\{1, x_2\}$, 令 $\tau_{12} = \beta_0 + \beta_1 x_2$, 由 τ_{12} 的自由度,

$$0 = \int_{a_1a_5} \tau_{12}\mathrm{d}l = \int_0^1 \tau_{12}(0,0,x_3)\,\mathrm{d}x_3 = \beta_0,$$

$$0 = \int_{a_2a_6} \tau_{12}\mathrm{d}l = \int_0^1 \tau_{12}(0,1,x_3)\,\mathrm{d}x_3 = \beta_0 + \beta_3$$

得 $\tau_{12}|_{F_{10}}=0$. 同理，由 $\int_{a_3a_7}\tau_{12}\mathrm{d}l=0$，$\int_{a_4a_8}\tau_{12}\mathrm{d}l=0$，有 $\tau_{12}|_{F_{11}}=0$. 令 $\int_{a_1a_5}\tau_{12}\mathrm{d}l=0$，$\int_{a_4a_8}\tau_{12}\mathrm{d}l=0$，且 $\int_{a_2a_6}\tau_{12}\mathrm{d}l=0$，$\int_{a_3a_7}\tau_{12}\mathrm{d}l=0$，得到 $\tau_{12}|_{F_{2j}}=0$，$j=0,1$.

类似 τ_{13} 和 τ_{23}，得

$$\tau_{ij}|_{F_{il}}=\tau_{ij}|_{F_{jl}}=0,\qquad 1\leqslant i,j\leqslant 3, i\neq j, l=0,1 \tag{3-12}$$

因此 $\tau_{ij}=cx_i(1-x_i)x_j(1-x_j)$. 由 $\tau_{ij}\in P_{11}(x_i,x_j)$，得

$$\tau_{ij}=0,\qquad 1\leqslant i,j\leqslant 3, i\neq j \tag{3-13}$$

由式(3-9)，得 $\boldsymbol{\tau}=\tilde{\boldsymbol{\tau}}+\sum_{i=1}^{3}\alpha_i\boldsymbol{\sigma}_i$，$\tilde{\boldsymbol{\tau}}\in\tilde{\boldsymbol{\sigma}}$.

由式(3-13) 有 $\alpha_i=0, 1\leqslant i\leqslant 3$，则 $\tau_{ii}\in P_1(x_i)$，由式(3-11)，$\tau_{ii}=cx_i(1-x_i)$，因此

$$\tau_{ii}=0,\qquad 1\leqslant i\leqslant 3 \tag{3-14}$$

由式(3-13)、式(3-14)得 $\boldsymbol{\tau}=0$. □

注 3.2.1 因为 $F_{1j}(j=0,1)$，$\boldsymbol{n}=(1,0,0)$，

$$\boldsymbol{\tau n}|_{F_{1j}}=(\tau_{11},\tau_{12},\tau_{13})^{\mathrm{T}}_{F_{1j}}\xlongequal{(3\text{-}11)(3\text{-}12)}0,\qquad j=0,1.$$

同理得

$$\boldsymbol{\tau n}|_F=0, \forall F\subset\partial K \tag{3-15}$$

即此单元构造是 $H(\mathrm{div},\Omega,\mathbb{S})$ 空间上的协调元 .

假设 $\Omega=[a_1,a_2]\times[b_1,b_2]\times[c_1,c_2]$ 在 x,y,z 方向上分别被分成 N,M,L 份，$a_1<x_0<x_1<\cdots<x_N=a_2$，$b_1<y_0<y_1<\cdots<y_M=b_2$，$c_1<z_0<z_1<\cdots<z_L=c_2$，设一般单元 $K_{ijl}=[x_{i-1},x_i]\times[y_{j-1},y_j]\times[z_{l-1},z_l]$，$h_{1i}=x_i-x_{i-1}$，$h_{2j}=y_j-y_{j-1}$，$h_{3l}=z_l-z_{l-1}$，$h=\max\limits_{i,j,l}(h_{1i},h_{2j},h_{3l})$，$\Gamma_h=\{K_{ijl},1\leqslant i\leqslant N,1\leqslant j\leqslant M,1\leqslant l\leqslant L\}$. 设仿射变换 $\boldsymbol{x}^{(i,j,l)}=F_{ijl}(\boldsymbol{x})$ 由参考单元 K 到一般单元 K_{ijl} 定义为

$$x^{(i,j,l)}=x_{i-1}+h_{1i}x, y^{(i,j,l)}=y_{j-1}+h_{2j}y, z^{(i,j,l)}=z_{l-1}+h_{zl}z.$$

定义 K_{ijl} 上形函数空间如下

$$\sum_{ijl} = \sum_{K} \circ F_{ijl}^{-1}(\boldsymbol{x}^{(i,j,l)}).$$

对于 K_{ijl}，定义 f_{10},f_{11} 为面 $x=x_{i-1},x_i$. f_{20},f_{21} 是面 $y=y_{j-1},y_j$. f_{30},f_{31} 是面 $z=z_{l-1},z_l$. 相应地定义 l_{ij} 是边 a_ia_j, $1\leqslant i,j\leqslant 8$. 根据自由度式(3-10)，$K_{ijl}$ 上的插值算子 Π_{ijl} 定义如下

$$\begin{cases}\int_{f_{\alpha\beta}}(\tau_{\alpha\alpha} - \Pi_{ijl}\tau_{\alpha\alpha})\,\mathrm{d}s = 0, \alpha = 1,2,3, \beta = 0,1\\ \int_{l_{\alpha\beta}}(\tau_{12} - \Pi_{ijl}\tau_{12})\,\mathrm{d}l = 0, (\alpha,\beta) = (1,5),(2,6),(3,7),(4,8)\\ \int_{l\alpha\beta}(\tau_{13} - \Pi_{ijl}\tau_{13})\,\mathrm{d}l = 0, (\alpha,\beta) = (1,4),(2,3),(5,8),(6,7)\\ \int_{l\alpha\beta}(\tau_{23} - \Pi_{ijl}\tau_{23})\,\mathrm{d}l = 0, (\alpha,\beta) = (1,2),(4,3),(5,6),(8,7)\end{cases} \tag{3-16}$$

在三维情况下，Π_{ijl} 是仿射等价的，$\Pi_{ijl}\boldsymbol{\tau}(\boldsymbol{x}^{(i,j,l)}) = \Pi\boldsymbol{\tau}(\boldsymbol{x})$，且 $\Pi_{ijl}\boldsymbol{\tau}=\boldsymbol{\tau}$, $\forall\tau\in P_0(K_{ijl},\mathbb{S})$.

定义应力有限元空间

$$\sum_h = \{\boldsymbol{\tau}\mid_{K_{ijl}} \in \sum_{ijl}, [\boldsymbol{\tau n}]\mid_f = 0, \forall f\subset\partial K_{ijl}, \forall\ K_{ijl}\in\Gamma_h\}$$

定义 Ω 上插值算子 Π_h, $\Pi_h\mid_{K_{ijl}}=\Pi_{ijl}$, $1\leqslant i\leqslant N, 1\leqslant j\leqslant M, 1\leqslant l\leqslant L$.

正则性条件[70,71]　即：存在常数 σ 满足

$$\frac{h_K}{\rho_K}\leqslant\sigma, \forall K\in\Gamma_h, \forall h,$$

其中，h_K是 K 的直径且 ρ_K是 K 的外接球的直径.

§3.3　稳定性分析

因为两个有限元空间满足 $\Sigma_h\subset H(\mathrm{div},\Omega,\mathbb{S})$ 和 $V_h\subset L^2(\Omega,\mathbb{R}^2)$，相应的离散空间如下：

求$(\boldsymbol{\sigma}_h,\boldsymbol{\tau}_h)\in\sum_h\times V_h$满足

$$\begin{cases}a(\boldsymbol{\sigma}_h,\boldsymbol{\tau}_h)+b(\boldsymbol{\tau}_h,\boldsymbol{u}_h)=0, & \forall\boldsymbol{\tau}_h\in\sum_h\\ b(\boldsymbol{\sigma}_h,\boldsymbol{v}_h)=(f,\boldsymbol{v}_h), & \forall\boldsymbol{v}_h\in V_h\end{cases}\tag{3-17}$$

由混合元理论[14,72]，下面两个稳定性条件保证了离散问题解的存在性和唯一性，以及对精确解的逼近性质.

- 存在正常数α，与h无关，满足

$$a(\boldsymbol{\tau}_h,\boldsymbol{\tau}_h)\geqslant\alpha\|\boldsymbol{\tau}_h\|^2_{H(\mathrm{div},\Omega)},\tag{3-18}$$

当$\boldsymbol{\tau}_h\in\ker B_h=\{\boldsymbol{\tau}_h\in\sum_h|b(\boldsymbol{\tau}_h,\boldsymbol{v}_h)=0,\quad\forall\boldsymbol{v}_h\in V_h\}$.

- 存在正常数β，与h无关，满足

$$\sup_{\tau_h\in\sum_h}\frac{b(\boldsymbol{\tau}_h,\boldsymbol{v}_h)}{\|\boldsymbol{\tau}_h\|_{H(\mathrm{div},\Omega)}}\geqslant\beta\|\boldsymbol{v}_h\|_{0,\Omega},\quad\forall\ \boldsymbol{v}_h\in V_h\tag{3-19}$$

引理 3.3.1 任给$\boldsymbol{v}_h\in V_h$，存在$\boldsymbol{\tau}_h\in\sum_h$满足

$$\mathrm{div}\boldsymbol{\tau}_h=\boldsymbol{v}_h\tag{3-20}$$

$$\|\boldsymbol{\tau}_h\|_{H(\mathrm{div})}\leqslant c\|\boldsymbol{v}_h\|_{0,\Omega},\tag{3-21}$$

其中，c与形状正则性条件无关.

证明：在二维情况下，假设$\boldsymbol{v}_h\in\boldsymbol{V}_h$，和$\boldsymbol{v}_h|_{K_{ij}}=\boldsymbol{v}_{ij}\triangleq(v_{1,ij},v_{2,ij})^{\mathrm{T}}$，则

$$\boldsymbol{v}=\sum_{i=1}^{N}\sum_{j=1}^{M}\boldsymbol{v}_{ij}\varphi_{ij}(x_1,x_2).$$

其中，$\varphi_{ij}(x,y)$是单元K_{ij}上的特征函数. 设$\boldsymbol{\tau}_h=\begin{pmatrix}\tau_{11} & 0\\ 0 & \tau_{22}\end{pmatrix}$和$\boldsymbol{\tau}_{11}|_{K_{ij}}\in P_{10},\tau_{22}|_{K_{ij}}\in P_{01}$，

$$\tau_{11}|_{K_{ij}}(x,y)=h_1\sum_{m=1}^{i-1}v_{1,mj}+v_{1,ij}(x-x_{i-1}),$$

$$\tau_{22}|_{K_{ij}}(x,y)=h_2\sum_{k=1}^{j-1}v_{2,ik}+v_{2,ij}(y-y_{j-1}),$$

则由式(3-3)$\boldsymbol{\tau}_{K_{ij}}\in\sum_{ij}$，我们有

$$\tau_{11}|_{K_{ij}}(x_i,y)=\tau_{11}|_{K_{i+1,j}}(x_i,y),$$

$$\tau_{22}|_{K_{ij}}(x,y_j)=\tau_{22}|_{K_{i,j+1}}(x,y_j).$$

即$[\boldsymbol{\tau}_h \boldsymbol{n}]=0$，由上面分析，$\boldsymbol{\tau}_h \in \Sigma_h$.

$$\|\boldsymbol{v}_h\|_0^2 = \sum_{i=1}^{N}\sum_{j=1}^{M} \|v_{ij}\varphi_{ij}\|_{0,K_{ij}}^2 = \sum_{i=1}^{N}\sum_{j=1}^{M}\int_{K_{ij}} |v_{ij}\varphi_{ij}|^2 \mathrm{d}x\mathrm{d}y$$

$$= h_1 h_2 \sum_{i=1}^{N}\sum_{j=1}^{M}(v_{1,ij}^2 + v_{2,ij}^2),$$

由柯西-施瓦兹不等式，

$$\|\tau_{11}\|_{0,\Omega}^2 = \sum_{i=1}^{N}\sum_{j=1}^{M}\int_{K_{ij}}\left(h_1\sum_{m=1}^{i-1} v_{1,mj} + v_{1,ij}(x - x_{i-1})\right)^2 \mathrm{d}x$$

$$\leqslant \sum_{i=1}^{N}\sum_{j=1}^{M}\int_{K_{ij}} i\left[h_1^2\sum_{m=1}^{i-1} v_{1,mj}^2 + v_{1,ij}^2(x - x_{i-1})^2\right]\mathrm{d}x$$

$$\leqslant \left(N^2h_1^2 + \frac{1}{3}N^2h_1^2\right)\sum_{i=1}^{N}\sum_{j=1}^{M} h_1h_2v_{1,ij}^2$$

$$\leqslant \frac{4}{3}\sum_{i=1}^{N}\sum_{j=1}^{M} h_1h_2v_{1,ij}^2.$$

同理有

$$\|\tau_{22}\|_{0,\Omega}^2 \leqslant \frac{4}{3}\sum_{i=1}^{N}\sum_{j=1}^{M} h_1h_2v_{2,ij}^2,$$

则

$$\|\boldsymbol{\tau}_h\|_{0,\Omega}^2 = \|\tau_{11}\|_{0,\Omega}^2 + \|\tau_{22}\|_{0,\Omega}^2 \leqslant \frac{4}{3}\sum_{i=1}^{N}\sum_{j=1}^{M} h_1h_2(v_{1,ij}^2 + v_{2,ij}^2)$$

$$= \frac{4}{3}\|\boldsymbol{v}_h\|_{0,\Omega}^2$$

另一方面

$$\mathrm{div}\boldsymbol{\tau}_h|_{K_{ij}} = \left(\frac{\partial\tau_{11}}{\partial x}, \frac{\partial\tau_{22}}{\partial y}\right)^{\mathrm{T}}\Bigg|_{K_{ij}} = (v_{1,ij}, v_{2,ij})^{\mathrm{T}} = \boldsymbol{v}_h|_{K_{ij}},$$

即

$$\mathrm{div}\boldsymbol{\tau}_h = \boldsymbol{v}_h.$$

因此，有

$$\|\boldsymbol{\tau}_h\|_{H(\mathrm{div},\Omega)}^2 = \|\boldsymbol{\tau}_h\|_{0,\Omega}^2 + \|\mathrm{div}\boldsymbol{\tau}_h\|_{0,\Omega}^2 \leqslant \frac{7}{3}\|\boldsymbol{v}_h\|_{0,\Omega}^2.$$

三维情况下假设 $\boldsymbol{v}_h \in V_h$，且 $\boldsymbol{v}_h\big|_{K_{ijl}} = (v_{1,ijl}, v_{2,ijl}, v_{3,ijl})$，取 $\tau = \begin{pmatrix} \tau_{11} & 0 & 0 \\ 0 & \tau_{22} & 0 \\ 0 & 0 & \tau_{33} \end{pmatrix}$，且令

$$\tau_{11}\big|_{K_{ijk}}(x,y) = h_1 \sum_{m=1}^{i-1} v_{1,mjk} + v_{1,ijk}(x - x_{i-1}),$$

$$\tau_{22}\big|_{K_{ijk}}(x,y) = h_2 \sum_{m=1}^{j-1} v_{2,imk} + v_{2,ijk}(y - y_{j-1}),$$

$$\tau_{33}\big|_{K_{ijk}}(x,y) = h_3 \sum_{m=1}^{k-1} v_{3,ijm} + v_{3,ijk}(z - z_{k-1}).$$

同理对于 $C18-3$ 单元有式(3-20)、式(3-21). □

定理 3. 3. 1　$R8-2$ 和 $C18-3$ 单元的有限元解是稳定的，离散混合问题式(3-17)有唯一解$(\boldsymbol{\sigma}_h, \boldsymbol{u}_h) \in \Sigma_h \times V_h$.

证明：我们直接验证有限元空间的稳定性条件. 由于张量积 $A = A(x): \mathbb{S} \to \mathbb{S}$ 对于 $x \in \Omega$ 是正定的，存在与 h 无关的常数 c_0 满足

$$a(\boldsymbol{\tau}, \boldsymbol{\tau}) = \int_\Omega A\boldsymbol{\tau} : \boldsymbol{\tau} \mathrm{d}x \geqslant c_0 \|\boldsymbol{\tau}\|_{0,\Omega}^2, \quad \forall \boldsymbol{\tau} \in L^2(\Omega, \mathbb{S}). \tag{3-22}$$

由 Σ_h 和 V_h 的构造显然有 $\operatorname{div} \Sigma_h \subset V_h$. 对于 $\boldsymbol{\tau}_h \in \ker B_h$. 有 $\operatorname{div}\boldsymbol{\tau}_h = 0$ 和 $\|\boldsymbol{\tau}_h\|_{H(\operatorname{div},\Omega)} = \|\boldsymbol{\tau}_h\|_{0,\Omega}$. 即上述稳定性条件一成立，且 $\alpha = c_0$.

接下来，由引理 3. 3. 1，

$$\sup_{\forall \tilde{\boldsymbol{\tau}}_h \in \Sigma_h} \frac{b(\tilde{\boldsymbol{\tau}}_h, \boldsymbol{v}_h)}{\|\tilde{\boldsymbol{\tau}}_h\|_{H(\operatorname{div},\Omega)}} \geqslant \frac{b(\boldsymbol{\tau}_h, \boldsymbol{v}_h)}{\|\boldsymbol{\tau}_h\|_{H(\operatorname{div},\Omega)}} = \frac{\|\boldsymbol{v}_h\|_0^2}{\|\boldsymbol{\tau}_h\|_{H(\operatorname{div},\Omega)}} \geqslant \sqrt{\frac{3}{7}} \|\boldsymbol{v}_h\|_{0,\Omega}. \tag{3-23}$$

即 BB 条件式(3-19)成立，且常数与正则性无关. □

§ 3. 4　误差分析

定理 3. 4. 1　令$(\boldsymbol{\sigma}, \boldsymbol{u})$和$(\boldsymbol{\sigma}_h, \boldsymbol{u}_h)$分别是连续问题式(3-1)和离散问题式(3-17)的解，则

$$\|\boldsymbol{\sigma}-\boldsymbol{\sigma}_h\|_{H(\mathrm{div},\Omega)}+\|\boldsymbol{u}-\boldsymbol{u}_h\|_{0,\Omega}\leqslant ch(\|\boldsymbol{\sigma}\|_{2,\Omega}+|\boldsymbol{u}|_{1,\Omega}).\tag{3-24}$$

其中,c 与形状正则条件无关, 即 $R8-2$ 和 $C18-3$ 单元在各向异性网格下成立.

证明:单元 $R8-2$ 和 $C18-3$ 是协调元,由定理 3. 3. 1 和混合元理论[14,72],有

$$\|\boldsymbol{\sigma}-\boldsymbol{\sigma}_h\|_{H(\mathrm{div},\Omega)}+\|\boldsymbol{u}-\boldsymbol{u}_h\|_{0,\Omega}\leqslant c\Big(\inf_{\tau_h\in\Sigma_h}\|\boldsymbol{\sigma}-\boldsymbol{\tau}_h\|_{H(\mathrm{div},\Omega)}+\inf_{v_h\in V_h}\|\boldsymbol{u}-\boldsymbol{v}_h\|_{0,\Omega}\Big).\tag{3-25}$$

因为式(3-18)和式(3-19)与正则性无关,所以常数 c 与正则性无关.

首先分析单元 $R8-2$.

令 Π_h 是 $R8-2$ 单元 Σ_h 的插值算子, 且 $\Pi_h|_{k_{ij}}=(\Pi_{ij})_{2\times2}$ 满足式(3-6). 由 Σ_K 的构造,在参考单元上 $K=[0,1]^2$,

$$\hat{\Pi}_{12}\hat{\tau}_{12}=\alpha_0+\alpha_1\hat{x}_1+\alpha_2\hat{x}_2+\lambda\hat{x}_1\hat{x}_2,$$

$$\hat{\Pi}_{11}\hat{\tau}=\beta_0+\beta_1\hat{x}_1-\frac{1}{2}\lambda\hat{x}_1^2,$$

$$\hat{\Pi}_{22}\hat{\tau}=\gamma_0+\gamma_1\hat{x}_2-\frac{1}{2}\lambda\hat{x}_2^2.$$

由插值条件式(3-6)我们得到

$$\alpha_0=\hat{\tau}_{12}(\hat{a}_1),\beta_0=\hat{l}_4(\hat{\tau}_{11}),\gamma_0=\hat{l}_1(\hat{\tau}_{22}),$$

$$\alpha_1=\hat{\tau}_{12}(\hat{a}_2)-\hat{\tau}_{12}(\hat{a}_1)=\int_{\hat{e}_1}\frac{\partial\hat{\tau}_{12}}{\partial\hat{x}_1}\mathrm{d}\hat{l},\alpha_2=\hat{\tau}_{12}(\hat{a}_4)-\hat{\tau}_{12}(\hat{a}_1)=\int_{\hat{e}_4}\frac{\partial\hat{\tau}_{12}}{\partial\hat{x}_2}\mathrm{d}\hat{l},$$

$$\lambda=\hat{\tau}_{12}(\hat{a}_1)-\hat{\tau}_{12}(\hat{a}_2)+\hat{\tau}_{12}(\hat{a}_3)-\hat{\tau}_{12}(\hat{a}_4)=\int_{\hat{K}}\frac{\partial^2\hat{\tau}_{12}}{\partial\hat{x}_1\partial\hat{x}_2}\mathrm{d}\hat{x},$$

$$\beta_1=\hat{l}_2(\hat{\tau}_{11})-\hat{l}_4(\hat{\tau}_{11})+\frac{1}{2}\lambda=\int_{\hat{K}}\frac{\partial\hat{\tau}_{11}}{\partial\hat{x}_1}\mathrm{d}\hat{x}+\frac{1}{2}\int_{\hat{K}}\frac{\partial^2\hat{\tau}_{12}}{\partial\hat{x}_1\partial\hat{x}_2}\mathrm{d}\hat{x},$$

$$\gamma_1 = \hat{l}_3(\hat{\tau}_{22}) - \hat{l}_1(\hat{\tau}_{22}) + \frac{1}{2}\lambda = \int_{\hat{K}} \frac{\partial \hat{\tau}_{22}}{\partial \hat{x}_2} \mathrm{d}\hat{x} + \frac{1}{2}\int_{\hat{K}} \frac{\partial^2 \hat{\tau}_{12}}{\partial \hat{x}_1 \partial \hat{x}_2} \mathrm{d}\hat{x},$$

这里

$$\hat{l}_i(\hat{v}) = \int_{\hat{e}_i} \hat{v} \mathrm{d}\hat{l}, 1 \leqslant i \leqslant 4.$$

定义

$$\hat{\Pi}_{11}^0 \hat{\tau}_{11} = \beta_0 + \beta_1 \hat{x}_1, \hat{\Pi}_{22}^0 \hat{\tau}_{22} = \gamma_0 + \gamma_1 \hat{x}_2,$$

显然，$\hat{\Pi}_{ii}^0 \tau_{ii} = \tau_{ii}, \forall \tau_{ii} \in P_0(\hat{K})$，和

$$\| \hat{\tau}_{ii} - \Pi_{ii}^0 \tau_{ii} \|_{0,\hat{K}} \leqslant c | \hat{\tau}_{ii} |_{1,\hat{K}}, i = 1,2.$$

在一般单元上 K，

$$\begin{aligned} \| \tau_{ii} - \Pi_{ii} \boldsymbol{\tau} \|_{0,K} &= |K|^{\frac{1}{2}} \| \hat{\tau}_{ii} - \hat{\Pi}_{ii} \boldsymbol{\tau} \|_{0,\hat{K}} \\ &\leqslant |K|^{\frac{1}{2}} (\| \hat{\tau}_{ii} - \hat{\Pi}_{ii}^0 \hat{\tau}_{ii}) \|_{0,\hat{K}} + c |\lambda|) \\ &\leqslant c |K|^{\frac{1}{2}} (| \hat{\tau}_{ii} |_{1,\hat{K}} + | \hat{\tau}_{12} |_{2,\hat{K}}) \\ &\leqslant c h_K (| \tau_{ii} |_{1,K} + h_K | \tau_{12} |_{2,K}), (i = 1,2), \end{aligned}$$

既得

$$\| \tau_{ii} - \Pi_{ii} \boldsymbol{\tau} \|_{0,\Omega} \leqslant ch (| \tau_{ii} |_{1,\Omega} + h | \tau_{12} |_{2,\Omega}), (i = 1,2). \tag{3-26}$$

插值算子 Π_{12} 是一般的双线性插值算子，

$$\| \tau_{12} - \Pi_{12} \tau_{12} \|_{0,\Omega} \leqslant ch^2 | \tau_{12} |_{2,\Omega}. \tag{3-27}$$

接下来，估计 $\| \mathrm{div}(\boldsymbol{\tau} - \Pi_h \boldsymbol{\tau}) \|_{0,\Omega}$，

$$\mathrm{div}(\boldsymbol{\tau} - \Pi_K \boldsymbol{\tau}) = \begin{pmatrix} \dfrac{\partial}{\partial x_1}(\tau_{11} - \Pi_{11}\boldsymbol{\tau}) + \dfrac{\partial}{\partial x_2}(\tau_{12} - \Pi_{12}\tau_{12}) \\ \dfrac{\partial}{\partial x_1}(\tau_{12} - \Pi_{12}\tau_{12}) + \dfrac{\partial}{\partial x_2}(\tau_{22} - \Pi_{22}\boldsymbol{\tau}) \end{pmatrix} \tag{3-28}$$

由插值条件式(3-6)

$$\int_{\hat{K}} \frac{\partial}{\partial \hat{x}_1} \hat{\Pi}_{11} \hat{\boldsymbol{\tau}} \mathrm{d}\hat{x} = \int_{\partial \hat{K}} \hat{\Pi}_{11} \hat{\boldsymbol{\tau}} n_1 \mathrm{d}\hat{l} = \int_{\hat{l}_4} \hat{\Pi}_{11} \hat{\boldsymbol{\tau}} \mathrm{d}\hat{l} - \int_{\hat{l}_2} \hat{\Pi}_{11} \hat{\boldsymbol{\tau}} \mathrm{d}\hat{l}$$

$$= \int_{\hat{l}_4} \hat{\tau}_{11} \mathrm{d}\hat{l} - \int_{\hat{l}_2} \hat{\tau}_{11} \mathrm{d}\hat{l} = \int_{\hat{K}} \frac{\partial \hat{\tau}_{11}}{\partial \hat{x}_1} \mathrm{d}\hat{x}.$$

由 Poincare 不等式[73,74]，

$$\begin{aligned} \left\| \frac{\partial}{\partial x_1} (\tau_{11} - \Pi_{11} \tau_{11}) \right\|_{0,K} &= h_1^{-1} |K|^{\frac{1}{2}} \left\| \frac{\partial}{\partial \hat{x}_1} (\hat{\tau}_{11} - \hat{\Pi}_{11} \hat{\boldsymbol{\tau}}) \right\|_{0,\hat{K}} \\ &\leqslant \frac{\sqrt{2}}{\pi} h_1^{-1} |K|^{\frac{1}{2}} \left| \frac{\partial}{\partial \hat{x}_1} (\hat{\tau}_{11} - \hat{\Pi}_{11} \hat{\boldsymbol{\tau}}) \right|_{1,\hat{K}} \\ &\leqslant \frac{\sqrt{2}}{\pi} h_1^{-1} |K|^{\frac{1}{2}} \left(\left\| \frac{\partial^2 \hat{\tau}_{11}}{\partial \hat{x}_1^2} \right\|_{0,\hat{K}} + \left\| \frac{\partial^2 \hat{\tau}_{12}}{\partial \hat{x}_1 \partial \hat{x}_2} \right\|_{0,\hat{K}} \right) \\ &\leqslant \frac{\sqrt{2}}{\pi} \left(h_1 \left\| \frac{\partial^2 \tau_{11}}{\partial x_1^2} \right\|_{0,K} + h_2 \left\| \frac{\partial^2 \tau_{12}}{\partial x_1 \partial x_2} \right\|_{0,K} \right). \end{aligned}$$

既得

$$\left\| \frac{\partial}{\partial x_1} (\tau_{11} - \Pi_{11} \boldsymbol{\tau}) \right\|_{0,K} \leqslant \mathrm{ch}(|\tau_{11}|_{2,\Omega} + |\tau_{12}|_{2,\Omega}). \tag{3-29}$$

同理，得

$$\left\| \frac{\partial}{\partial x_2} (\tau_{22} - \Pi_{22} \boldsymbol{\tau}) \right\|_{0,K} \leqslant ch(|\tau_{22}|_{2,\Omega} + |\tau_{12}|_{2,\Omega}). \tag{3-30}$$

由各向异性双线性插值误差[2,75]，得

$$|\tau_{12} - \Pi_{12} \tau_{12}|_{1,\Omega} \leqslant ch |\tau_{12}|_{2,\Omega} \tag{3-31}$$

其中，c 与形状正则性无关.

将式(3-29)~式(3-31)代入式(3-28)得

$$\| \mathrm{div}(\boldsymbol{\tau} - \Pi_h \boldsymbol{\tau}) \|_{0,\Omega} \leqslant ch |\boldsymbol{\tau}|_{2,\Omega} \tag{3-32}$$

显然

$$\inf_{v_h \in V_h} \| \boldsymbol{u} - \boldsymbol{v}_h \|_{0,\Omega} \leqslant ch |\boldsymbol{u}|_{1,\Omega} \tag{3-33}$$

上述所有常数均与形状正则性无关，将式(3-26)、式(3-27)、式(3-32)、式(3-33)代入式(3-25)，对于 $R8-2$ 单元得到式(3-24).

下面考虑 $C18-3$ 单元. 令 Π_h 是 $\sum_h$ 上 $C18-3$ 单元的插值算子. 由自由度,

$$\begin{cases}\int_{F_{ij}}(\tau_{ii}-\Pi_{ii}\tau_{ii})\mathrm{d}s=0, 1\leqslant i\leqslant 3, 0\leqslant j\leqslant 1,\\ \int_{e_k}(\tau_{ij}-\Pi_{ij}\tau_{ij})\mathrm{d}l=0, \text{在四条边上与 } x_k \text{ 轴平行},\\ 1\leqslant i,j,k\leqslant 3, i\neq j\neq k.\end{cases} \tag{3-34}$$

由 $\sum_K$ 上 $C18-3$ 单元构造, 在参考单元 $K=[0,1]^3$ 上

$$\begin{cases}\Pi_{12}\tau_{12}=\alpha_0+\alpha_1x_1+\alpha_2x_2+qx_1x_2,\\ \Pi_{13}\tau_{13}=\beta_0+\beta_1x_1+\beta_2x_3+sx_1x_3,\\ \Pi_{23}\tau_{23}=\gamma_0+\gamma_1x_2+\gamma_2x_3+tx_2x_3,\\ \Pi_{11}\tau=b_0+b_1x_1-\dfrac{1}{2}(q+s)x_1^2,\\ \Pi_{22}\tau=c_0+c_1x_2-\dfrac{1}{2}(q+t)x_2^2,\\ \Pi_{33}\tau=d_0+d_1x_3-\dfrac{1}{2}(t+s)x_3^2.\end{cases} \tag{3-35}$$

由插值条件式(3-34) 得到

$$\alpha_0=\int_{a_1a_5}\tau_{12}\mathrm{d}l, \alpha_1=\int_{a_4a_8}\tau_{12}\mathrm{d}l-\int_{a_1a_5}\tau_{12}\mathrm{d}l=\int_{F_{20}}\frac{\partial\tau_{12}}{\partial x_1}\mathrm{d}s,$$

$$\alpha_2=\int_{a_2a_6}\tau_{12}\mathrm{d}l-\int_{a_1a_5}\tau_{12}\mathrm{d}l=\int_{F_{10}}\frac{\partial\tau_{12}}{\partial x_2}\mathrm{d}s,$$

$$q=\left(\int_{a_3a_7}-\int_{a_2a_6}+\int_{a_1a_5}-\int_{a_4a_8}\right)\tau_{12}\mathrm{d}l=\int_K\frac{\partial^2\tau_{12}}{\partial x_1\partial x_2}\mathrm{d}s.$$

同理,

$$\beta_0=\int_{a_1a_2}\tau_{13}\mathrm{d}l, \beta_1=\int_{F_{30}}\frac{\partial\tau_{13}}{\partial x_1}\mathrm{d}s, \beta_2=\int_{F_{10}}\frac{\partial\tau_{13}}{\partial x_3}\mathrm{d}s, s=\int_K\frac{\partial^2\tau_{13}}{\partial x_1\partial x_3}\mathrm{d}x,$$

$$\gamma_0=\int_{a_1a_4}\tau_{23}\mathrm{d}l,\gamma_1=\int_{F_{30}}\frac{\partial\tau_{23}}{\partial x_2}\mathrm{d}s,\gamma_2=\int_{F_{20}}\frac{\partial\tau_{23}}{\partial x_3}\mathrm{d}s,t=\int_K\frac{\partial^2\tau_{23}}{\partial x_2\partial x_3}\mathrm{d}x,$$

$$b_0=\int_{F_{10}}\tau_{11}\mathrm{d}s,b_1=\int_K\frac{\partial\tau_{11}}{\partial x_1}\mathrm{d}x+\frac{1}{2}\left(\int_K\frac{\partial^2\tau_{12}}{\partial x_1\partial x_2}\mathrm{d}x+\int_K\frac{\partial^2\tau_{13}}{\partial x_1\partial x_3}\mathrm{d}x\right),$$

$$c_0=\int_{F_{20}}\tau_{22}\mathrm{d}s,c_1=\int_K\frac{\partial\tau_{22}}{\partial x_2}\mathrm{d}x+\frac{1}{2}\left(\int_K\frac{\partial^2\tau_{12}}{\partial x_1\partial x_2}\mathrm{d}x+\int_K\frac{\partial^2\tau_{23}}{\partial x_2\partial x_3}\mathrm{d}x\right),$$

$$d_0=\int_{F_{30}}\tau_{33}\mathrm{d}s,d_1=\int_K\frac{\partial\tau_{33}}{\partial x_3}\mathrm{d}x+\frac{1}{2}\left(\int_K\frac{\partial^2\tau_{13}}{\partial x_1\partial x_3}\mathrm{d}x+\int_K\frac{\partial^2\tau_{23}}{\partial x_2\partial x_3}\mathrm{d}x\right).$$

对比 $R8-3$ 和 $C18-3$ 单元上 $\Pi_h\tau$ 的表达式,能够发现相似之处,$C18-3$ 单元的 $\Pi_h\tau$ 是 $R8-2$ 单元在三维上的推广. 同样的方式, 对 $C18-3$ 单元得到式(3-24),细节分析这里省略. □

注 3.4.1 由上面分析, 很容易看到单元可以推广到平行四边形, 且仍具有各向异性收敛特性. 对于窄边单元和小角度单元是一致有下界的.

§3.5　数值算例

计算二维情况下在 $[0,1]^2$ 区间上的弹性问题. 弹性方程如下

$$\begin{cases}A\boldsymbol{\sigma}=\varepsilon(\boldsymbol{u}), & \text{in } \Omega,\\ \mathrm{div}\boldsymbol{\sigma}=\boldsymbol{f}, & \text{in } \Omega,\\ \boldsymbol{u}=0, & \text{in } \partial\Omega,\end{cases}$$

其中

$$A\boldsymbol{\sigma}=\frac{1}{2\mu}\left(\boldsymbol{\sigma}-\frac{\lambda}{2\mu+2\lambda}\mathrm{tr}(\boldsymbol{\sigma})\delta\right),$$

Lamé 常数是 $\mu=1/2,\lambda=1$, 方程中 δ 是单位矩阵.

设位移为

$$u=\begin{pmatrix}4x(1-x)y(1-y)\\ -4x(1-x)y(1-y)\end{pmatrix},$$

令误差 $\mathrm{Error}=\|\boldsymbol{\sigma}-\boldsymbol{\sigma}_h\|_{H(\mathrm{div},\Omega)}+\|\boldsymbol{u}-\boldsymbol{u}_h\|_{(0,\Omega)}$.

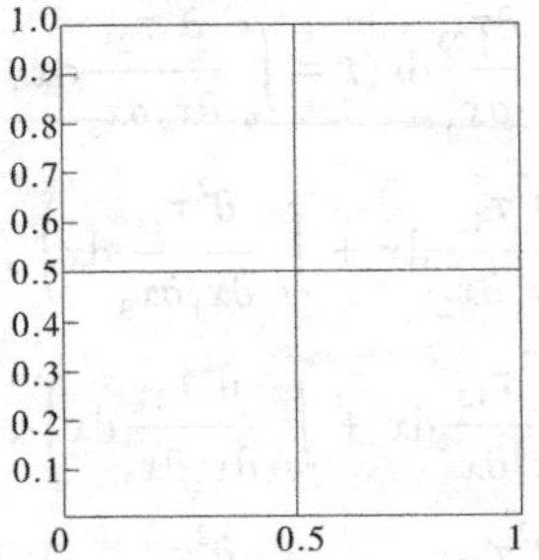

图 3-3 2×2 均匀剖分

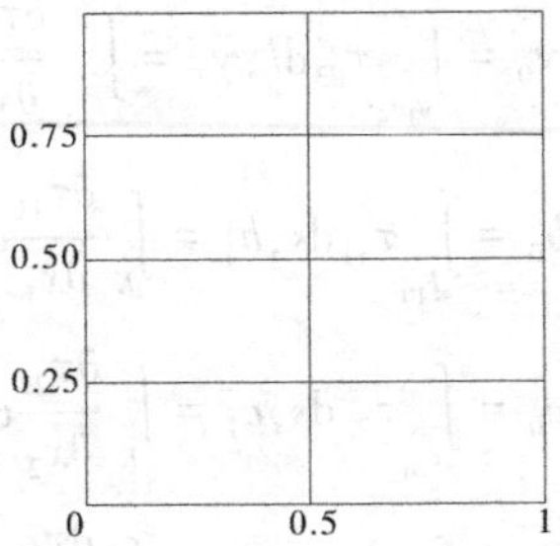

图 3-4 2×4 各向异性剖分

在上述计算中，我们对网格进行了 $m\times n$ 的分割(如图 3-3，图 3-4)，m 是 x 方向的剖分，n 是 y 方向的剖分. $(\boldsymbol{\sigma},\boldsymbol{u})$ 和 $(\boldsymbol{\sigma}_h,\boldsymbol{u}_h)$ 是对应于原方程的真解和有限元解. 由表 3-1、表 3-2 可以看到，在两种类型的剖分下均可以得到具有相同收敛阶的结果.

由表 1、表 2 数据可以看到，最低阶单元的收敛阶与理论分析一致，也证明了我们理论分析的有效性.

表 3-1

网格 $m\times n$	2×2	4×4	8×8	16×16	32×32
Error	3.456 8	1.884 3	0.965 7	0.494 8	0.253 2
收敛阶	—	0.875 5	0.964 3	0.964 7	0.966 6

表 3-2

网格 $m\times n$	2×4	4×8	8×16	16×32	32×64
Error	2.793 4	1.507 2	0.794 1	0.414 4	0.214 4
收敛阶	—	0.890 2	0.924 5	0.938 3	0.950 7

§ 3.6　结　论

本书构造了两个协调的矩形和立方体单元,其中矩形单元 $R8-2$ 具有(8+2)个自由度, 立方体单元 $C18-3$ 具有(18+3)个自由度. 弹性问题在 Hellinger-Reissner 变分形式下,应力矩阵空间具有强对称性,所定义的有限元空间是满足这种对称性的. 由于之前所构造的关于弹性问题稳定的单元均满足: $\mathrm{div}\Pi_h\boldsymbol{\tau}=P_h\mathrm{div}\boldsymbol{\tau}$ 性质,并且 Π_h 和 P_h 分别是空间 Σ_h 和 V_h 上的插值算子和 L^2-投影. 但是,由于本书所构造的两个单元不满足上述性质, 因此,我们用了文献[54]的构造性方法证明了所构造的两个单元的收敛性和稳定性,并且进一步证明了此两个单元具有各向异性收敛性,即我们不需要网格的正则性,而之前已知的单元都假定网格剖分满足正则性.

第 4 章　二维矩形高阶弹性单元

本章讨论了线弹性问题在 Hellinger-Reissner 变分形式下，在构造最简单矩形单元的基础上，进一步分析构造了一系列矩形高阶单元，通过对单元进行分析可知，当单元的阶次较低时，仍不满足投影性质，此时离散 BB 条件很难证明，但是当阶数 $k \geqslant 4$ 时可知，自然满足投影性质，并且可以证明单元的适定性和离散形式的唯一可解性. 用此方法构造的高阶单元经证明可以得到相应的弹性复形. 关于线弹性问题，文献[51]中讨论了三角形协调元下的高阶单元构造及弹性复形的建立. 文献[52]中构造了协调的高阶矩形单元如下，其中 $k \geqslant 1$，并进一步分析得到相应的弹性复形：

$$\sum\nolimits_K^* = \begin{pmatrix} P_{k+4,k+2} & P_{k+3,k+3} \\ P_{k+3,k+3} & P_{k+2,k+4} \end{pmatrix}, V_k = \begin{pmatrix} P_{k+1,k} \\ P_{k,k+1} \end{pmatrix}.$$

其形函数空间为

$$\sum\nolimits_K = \{\tau \in \sum\nolimits_K^*, \operatorname{div}\tau \in V_k\}.$$

文献[53]中对上述单元进行简化，其中 $k \geqslant 1$，构造了不同的矩形高阶单元和相应的弹性复形：

$$\sum\nolimits_K^* = \begin{pmatrix} P_{k+3,k+1} & P_{k+2,k+2} \\ P_{k+2,k+2} & P_{k+1,k+3} \end{pmatrix}, V_k = \begin{pmatrix} P_{k,k+1} \\ P_{k+1,k} \end{pmatrix}$$

其形函数空间为

$$\sum\nolimits_K = \{\tau \in \sum\nolimits_K^*, \operatorname{div}\tau \in V_k\},$$

通过这样确定多项式空间使得最低阶单元的自由度减少，在应力空间具有 17 个自由度，而位移空间有 4 个自由度. 文献[54] 给出了任意维矩形类网格下有限元空间的构造.

本书在第 3 章构造低阶单元的基础上，构造了相应的高阶单元，并且也得到了此构造方式下的弹性复形.

§4.1　二维矩形高阶单元

设二维平面上矩形区域 $T=[x_0,x_1]\times[y_0,y_1]$, a_i, $\boldsymbol{n}_i(i=1,2,3,4)$ 分别是矩形的四个顶点和四个边上的法向量, $\boldsymbol{n}_1=(0,-1)^{\mathrm{T}}$ 是 a_1a_2 边上的法向量, $\boldsymbol{n}_2=(1,0)^{\mathrm{T}}$ 是 a_2a_3 边上的法向量, $\boldsymbol{n}_3=(0,1)^{\mathrm{T}}$ 是 a_3a_4 边上的法向量, $\boldsymbol{n}_4=(-1,0)^{\mathrm{T}}$ 是 a_1a_4 边上的法向量, 并设 $\boldsymbol{n}_i$ 所在边为 e_i $(i=1,2,3,4)$. 设 $k\geqslant 4$, h 为剖分 Γ_h 的最大直径, 定义应力有限元空间为 Σ_k, 位移有限元空间为 V_l, 则

$$\sum\nolimits_K^* = \begin{pmatrix} P_{k+2,k} & P_{k+1,k+1} \\ P_{k+1,k+1} & P_{k,k+2} \end{pmatrix}, V_k^* = \begin{pmatrix} P_{k+1,k} \\ P_{k,k+1} \end{pmatrix}, V_l = \begin{pmatrix} P_{l,l} \\ P_{l,l} \end{pmatrix}, \tag{4-1}$$

当 k 取偶数时, $l=\dfrac{k}{2}$. 当 k 取奇数时, $l=\dfrac{k+1}{2}$. 定义单元上形函数空间为

$$\sum\nolimits_K = \{\boldsymbol{\tau} \in \sum\nolimits_K^*, \mathrm{div}\boldsymbol{\tau} \in V_l\}, \tag{4-2}$$

由集合定义可得空间 Σ_K 的维数计算如下:

$$\dim V_l = 2(l+1)^2 = 2l^2+4l+2,$$

$$\begin{aligned} \dim \sum\nolimits_K &= \dim \sum\nolimits_K^* - \dim V_K^* + \dim V_l \\ &= 2(k+3)(k+1) + (k+2)^2 - 2(k+2)(k+1) \\ &\quad + 2(l+1)^2 \\ &= k^2+6k+8+2l^2+4l, \end{aligned} \tag{4-3}$$

$$\dim\varepsilon(V_l) = \dim V_l - 3 = 2l^2+4l-1.$$

设空间

$$M_K^k = \{\Phi \in J(b_k^2\phi), \forall \phi \in P_{k-2,k-2}(K)\},$$

其中, $b_k=L_1^2L_2^2L_3^2L_4^2$, 是单元 T 的边泡函数. J 是艾力应力函数, 且

$$Jq = \begin{pmatrix} \dfrac{\partial^2 q}{\partial y^2} & -\dfrac{\partial^2 q}{\partial y\partial x} \\ -\dfrac{\partial^2 q}{\partial y\partial x} & \dfrac{\partial^2 q}{\partial x^2} \end{pmatrix}, \tag{4-4}$$

单元自由度用如下方式给出：

(1) $\tau_{ij}|a_k, k=(1,2,3,4)$，共 12 个自由度；

(2) $\int_{e_i} \boldsymbol{\tau n} \cdot \boldsymbol{n v} \mathrm{d}s, \forall \boldsymbol{v} \in P_{k-1}(e_i), (i = 1,2,3,4)$，共 $4k$ 个自由度；

(3) $\int_{e_i} \boldsymbol{\tau n} \cdot \boldsymbol{t v} \mathrm{d}s, \forall \boldsymbol{v} \in P_{k-2}(e_i), (i = 1,2,3,4)$，共 $4(k-1)$ 个自由度；

(4) $\int_K \boldsymbol{\tau} : \boldsymbol{\varepsilon}(\boldsymbol{v}) \mathrm{d}x, \forall \boldsymbol{v} \in V_l$，共 $(2l^2 + 4l - 1)$ 个自由度；

(5) $\int_K \boldsymbol{\tau} : \Phi \mathrm{d}x, \forall \Phi \in M_K^k$，共 $(k-1)^2$ 个自由度.

(4-5)

由上面定义容易知道，自由度数量与 Σ_k 的维数相同.

引理 4.1.1　上述自由度能够唯一确定空间 Σ_k 中的元素.

证明：由单元构造和空间 Σ_k 的维数与自由度的个数相等，令式(4-5)中(1)-(5)自由度均为零，则显然有 $\boldsymbol{\tau n}|_{e_i} \equiv 0$，由 $\mathrm{div}\boldsymbol{\tau} \in V_l$ 且 $\mathrm{div}\boldsymbol{\tau} = v$，则由(3)-(5)有

$$\int_K \boldsymbol{v}^2 \mathrm{d}x = -\int_K \boldsymbol{\tau} : \boldsymbol{\varepsilon}(\boldsymbol{v}) \mathrm{d}x + \int_{\partial K} \boldsymbol{\tau n} \cdot \boldsymbol{v} \mathrm{d}x = 0.$$

因此 $\mathrm{div}\boldsymbol{\tau} = 0$，$\exists q \in P_{k+2,k+2}(x_1, x_2)$，使 $\boldsymbol{\tau} = Jq$. 由

$$\boldsymbol{\tau n} \cdot \boldsymbol{n}|_{e_i} = (Jq)\boldsymbol{n} \cdot \boldsymbol{n} = \frac{\partial^2 q}{\partial \boldsymbol{t}^2} = 0,$$

$$\boldsymbol{\tau n} \cdot \boldsymbol{t}|_{e_i} = (Jq)\boldsymbol{n} \cdot \boldsymbol{t} = -\frac{\partial^2 q}{\partial t \partial \boldsymbol{n}} = 0, \quad (i = 1,2,3,4) \tag{4-6}$$

从而可知 $q|_{e_i}$ 上是线性函数，且 $\frac{\partial q}{\partial n}|_{e_i}$ 是常数. 在 e_1, e_4 上通过调整 q 的线性部分，使 $q|_{e_1,e_4} = 0$，则有 $\frac{\partial q}{\partial t}|_{e_1,e_4} = 0$，又 $\frac{\partial q}{\partial n}|_{a_1} = 0$，从而得到 $\nabla q|_{a_1} = 0$. 同理，可得 $\nabla q|_{e_i} = 0$，则 $q = L_1^2 L_2^2 L_3^2 L_4^2 \phi$，其中 $\phi \in P_{k-2,k-2}(x_1, x_2)$，$L_i(i=1,2,3,4)$ 是单元 T 的边泡函数. 由式(4-5)的自由度(5)知，$\boldsymbol{\tau}|_K \equiv 0$.

在剖分 Γ_h 下定义应力有限元空间 Σ_h

$$\begin{aligned}&\sum\nolimits_h = \{\boldsymbol{\tau} \in L^2(\Omega,\mathbb{S}),\boldsymbol{\tau}|_K \in \sum\nolimits_K, \text{且 } \boldsymbol{\tau n}|_{\partial K} = 0, \forall K \in \Gamma_h\}\\&V_h = \{\boldsymbol{v} \in L^2(\Omega,\mathbb{R}^2),\boldsymbol{v}|_K \in V_l, \forall K \in \Gamma_h\}\end{aligned} \tag{4-7}$$

由有限元空间定义知 $\tau_h \in H(\mathrm{div},\Omega,\mathbb{S})$，即所构造的空间是协调元空间.

§4.2　稳定性分析

在有限元空间 $\Sigma_h \in H(\mathrm{div},\Omega,\mathbb{S})$ 和 $V_h \in L^2(\Omega,\mathbb{R}^2)$ 中，原问题式(3-1)相应的离散问题具有如下形式：求 $(\boldsymbol{\sigma}_h,\boldsymbol{\tau}_h) \in \Sigma_h \times V_h$

$$\begin{cases}a(\boldsymbol{\sigma}_h,\boldsymbol{\tau}_h) + b(\boldsymbol{\tau}_h,\boldsymbol{u}_h) = 0, & \forall \boldsymbol{\tau}_h \in \sum\nolimits_h,\\ b(\boldsymbol{\sigma}_h,\boldsymbol{v}_h) = (f,\boldsymbol{v}_h), & \forall \boldsymbol{v}_h \in V_h.\end{cases} \tag{4-8}$$

由文献[51]知，要构造稳定的具有唯一解的弹性问题有限元空间，需要满足下面两个条件：

(1) $\mathrm{div}\boldsymbol{\sigma}_h \subset V_h$,

(2) 存在线性算子 $\Pi_h: H^1(\Omega,\mathbb{S}) \to \Sigma_h$，$\Pi_h \in L(H^1,L^2)$ 是与 h 无关的线性有界算子，且满足

$$\mathrm{div}\Pi_h\boldsymbol{\sigma} = P_h\mathrm{div}\boldsymbol{\sigma}, \quad \forall \boldsymbol{\sigma} \in H^1(\Omega,\mathbb{S}) \tag{4-9}$$

其中，$P_h: L^2(\Omega,\mathbb{S}) \to V_h$ 上的 L^2-投影.

定义 $\mathbb{R}_h: L^2(\Omega,\mathbb{S}) \to \Sigma_h$ 为 Clément 插值，在单元顶点处，且 Π_h: $H^1(\Omega,\mathbb{S}) \to \Sigma_h$，则定义自由度如下：

$$\begin{aligned}&(\mathrm{I})\ \Pi_h\boldsymbol{\tau}(x) = R_h\boldsymbol{\tau}(x),\ x \text{ 是单元顶点},\\&(\mathrm{II})\int_{e_i}(\Pi_h\boldsymbol{\tau n} - \boldsymbol{\tau n})\cdot \boldsymbol{nv}\,\mathrm{d}s = 0, \quad \forall \boldsymbol{v} \in P_{k-1}(e_i),\\&(\mathrm{III})\int_{e_i}(\Pi_h\boldsymbol{\tau n} - \boldsymbol{\tau n})\cdot \boldsymbol{tv}\,\mathrm{d}s = 0, \quad \forall \boldsymbol{v} \in P_{k-2}(e_i),\\&(\mathrm{IV})\int_K(\Pi_h\boldsymbol{\tau} - \boldsymbol{\tau}):\varepsilon(\boldsymbol{v})\,\mathrm{d}s = 0, \quad \forall \boldsymbol{v} \in V_l,\\&(\mathrm{V})\int_K(\Pi_h\tau - \tau):\Phi\,\mathrm{d}s = 0, \quad \forall \Phi \in M_K^k.\end{aligned} \tag{4-10}$$

引理 4.2.1　由式(4-10)定义的插值算子 $\Pi_h: H^1(\Omega,\mathbb{S}) \to \Sigma_h$ 满足如下交换性质：

$$\operatorname{div}\Pi_h\boldsymbol{\tau} = P_h(\operatorname{div}\boldsymbol{\tau}),\ \forall\boldsymbol{\tau} \in H^1(\Omega,\mathbb{S}) \tag{4-11}$$

证明：由 $\boldsymbol{\tau} \in H^2(\Omega,\mathbb{S})$，且 $K \in \Gamma_h$，$\forall\boldsymbol{v} \in V_l$ 有

$$\int_K \operatorname{div}(\boldsymbol{\tau} - \Pi_h\boldsymbol{\tau}) \cdot \boldsymbol{v}\mathrm{d}x = -\int_K (\boldsymbol{\tau} - \Pi_h\boldsymbol{\tau}) : \varepsilon(\boldsymbol{v})\,\mathrm{d}x + \int_{\partial K} (\boldsymbol{\tau} - \Pi_h\boldsymbol{\tau})\boldsymbol{n} \cdot \boldsymbol{v}\mathrm{d}s, \tag{4-12}$$

由式(4-10) 的第二个自由度知：

(1) 当 k 取偶数时，$l = \dfrac{k}{2}$，则由 $k-2 \geqslant \dfrac{k}{2}$ 得 $k \geqslant 4$；

(2) 当 k 取奇数时，$l = \dfrac{k+1}{2}$，则由 $k-2 \geqslant \dfrac{k+1}{2}$ 得 $k \geqslant 5$.

由式(4-10)的自由度中(Ⅰ)(Ⅱ)(Ⅴ)知式(4-12)右端为零，即

$$\operatorname{div}\Pi_h\boldsymbol{\tau} = P_h(\operatorname{div}\boldsymbol{\tau}),\ \forall\boldsymbol{\tau} \in H^1(\Omega,\mathbb{S}).$$ □

接下来定义插值算子 $\Pi_h^0: H^1(\Omega,\mathbb{S}) \to \Sigma_h$，在式(4-10)中令 $\Pi_h^0: \tau(x) = 0$，则显然得到

$$\Pi_h\boldsymbol{\tau} = \Pi_h^0(I - R_h) + R_h \tag{4-13}$$

接下来，我们由 Π_h^0 的有界性得到单元的误差估计. 由于 Π_h^0 在单元 K 上定义，因此需要在单元 K 上分析 Π_h^0 的性质. 令 $\hat{K} = [0,1] \times [0,1]$ 为参考单元，设 $\hat{F}: \hat{K} \to K$，是仿射变换，且 $F(\hat{x}) = B\hat{x} + b$，其中 $\hat{x} = (\hat{x}_1, \hat{x}_2)$，$B = \begin{pmatrix} h_1 & 0 \\ 0 & h_2 \end{pmatrix}$，分别是一般单元在 $\hat{x}_1$，$\hat{x}_2$ 方向上的长度. $b = \begin{pmatrix} x_0 \\ y_0 \end{pmatrix}$ 是一般单元左下角的坐标，对于矩阵空间，采用 Piolar 变换，令 $\hat{\tau}: \hat{K} \to \mathbb{S}$ 且 $: K \to \mathbb{S}$，则有

$$\boldsymbol{\tau}(x) = B\hat{\boldsymbol{\tau}}(\hat{x})B^{\mathrm{T}}, \tag{4-14}$$

其中，$x = F(\hat{x})$，则直接计算得

$$\operatorname{div}\boldsymbol{\tau}(x) = B\operatorname{div}\hat{\tau}(\hat{x}), \tag{4-15}$$

即 $\boldsymbol{\tau}(x)\in H(\mathrm{div},\Omega,\mathbb{S})$ 的充要条件为 $\hat{\tau}(\hat{x})\in H(\mathrm{div},\hat{K},\mathbb{S})$. $\tau\in\Sigma_K$ 的充要条件为 $\hat{\tau}\in\Sigma_{\hat{K}}$,则在上述变换下容易验证所给 Π_h^0 是仿射等价的.因为由式(4-14)得

$$\Pi_K^0\boldsymbol{\tau}(x)=\Pi_K^0B\hat{\boldsymbol{\tau}}(\hat{x})B^{\mathrm{T}}=B(\Pi_K^0\hat{\boldsymbol{\tau}}(\hat{x}))B^{\mathrm{T}}=0,\tag{4-16}$$

又根据向量的 Piolar 变换,$\boldsymbol{v}(x)=B\hat{\boldsymbol{v}}(\hat{x})$ 得 $\boldsymbol{n}=\|B^{\mathrm{T}}\boldsymbol{n}\|B^{-\mathrm{T}}\hat{\boldsymbol{n}}$,则 $\forall\boldsymbol{v}(x)|_e\in P_{k-2}(e)$($e$ 是矩形的任意一条边),有

$$\begin{aligned}\int_e B\hat{\Pi}_{\hat{K}}^0\hat{\boldsymbol{\tau}}(\hat{x})B^{\mathrm{T}}\boldsymbol{n}_e\cdot\boldsymbol{n}_e\boldsymbol{v}(x)\,\mathrm{d}x&=\frac{\|e\|}{\|\hat{e}\|}\int_{\hat{e}}\hat{\Pi}_{\hat{K}}^0\hat{\boldsymbol{\tau}}(\hat{x})B^{\mathrm{T}}\boldsymbol{n}_e\cdot B^{\mathrm{T}}\boldsymbol{n}_e\hat{\boldsymbol{v}}(\hat{x})\,\mathrm{d}\hat{x}\\&=\frac{\|e\|}{\|\hat{e}\|}\int_{\hat{e}}\hat{\tau}(\hat{x})B^{\mathrm{T}}\boldsymbol{n}_e\cdot B^{\mathrm{T}}\boldsymbol{n}_e\hat{\boldsymbol{v}}(\hat{x})\,\mathrm{d}\hat{x}\\&=\int_e\boldsymbol{\tau}(x)\boldsymbol{n}_e\cdot\boldsymbol{n}_e\boldsymbol{v}(x)\,\mathrm{d}x,\end{aligned}\tag{4-17}$$

同理,

$$\begin{gathered}\int_e B\hat{\Pi}_{\hat{K}}^0\hat{\boldsymbol{\tau}}(\hat{x})B^{\mathrm{T}}\boldsymbol{n}_e\cdot\boldsymbol{t}_e\boldsymbol{v}(x)\,\mathrm{d}x=\int_e\boldsymbol{\tau}(x)\boldsymbol{n}_e\cdot\boldsymbol{t}\boldsymbol{v}(x)\,\mathrm{d}x,\ \forall\boldsymbol{v}\in P_{k-1}(e)\\\int_K B\hat{\Pi}_{\hat{K}}^0\hat{\boldsymbol{\tau}}(\hat{x})B^{\mathrm{T}}:\varepsilon(\boldsymbol{v})\,\mathrm{d}x=\int_e\boldsymbol{\tau}(x)\boldsymbol{n}_e:\varepsilon(\boldsymbol{v})\,\mathrm{d}x,\\\int_K B\hat{\Pi}_{\hat{K}}^0\hat{\boldsymbol{\tau}}(\hat{x})B^{\mathrm{T}}:\Phi(x)\,\mathrm{d}x=\int_K\boldsymbol{\tau}(x):\Phi(x)\,\mathrm{d}x,\end{gathered}\tag{4-18}$$

由逆不等式及式(4-14),有

$$\begin{aligned}\|\Pi_h^0\boldsymbol{\tau}\|_{0,K}^2&\leqslant(\det B)\|B\hat{\Pi}_h^0\hat{\boldsymbol{\tau}}B^{\mathrm{T}}\|_{0,\hat{K}}^2\\&\leqslant(\det B)\|B\|^4\|\hat{\Pi}_h^0\hat{\boldsymbol{\tau}}\|_{0,\hat{K}}^2\\&\leqslant(\det B)\|B\|^4(\|\hat{\boldsymbol{\tau}}\|_{0,\hat{K}}^2+|\hat{\boldsymbol{\tau}}|_{1,\hat{K}}^2)\\&\leqslant c(\|\boldsymbol{\tau}\|_{0,K}^2+h^2|\hat{\boldsymbol{\tau}}|_{1,K}^2)\end{aligned}\tag{4-19}$$

由 Clément 插值[76],得

$$\| R_h\boldsymbol{\tau} - \boldsymbol{\tau} \|_{j,\Omega} \leqslant ch^{m-j} \| \boldsymbol{\tau} \|_{m,\Omega}(0 \leqslant j \leqslant 1, 2 \leqslant m \leqslant l). \quad (4\text{-}20)$$

由式(4-13)、式(4-19)、式(4-20)得

$$\begin{aligned} \| \Pi_h\boldsymbol{\tau} - \boldsymbol{\tau} \|_{0,\Omega} &= \| \Pi_h^0(I - R_h)\boldsymbol{\tau} + R_h\boldsymbol{\tau} - \boldsymbol{\tau} \|_{0,\Omega} \\ &= \| \Pi_h^0(I - R_h)\boldsymbol{\tau} \| + \| R_h\boldsymbol{\tau} - \boldsymbol{\tau} \|_{0,\Omega} \\ &\leqslant c(h\,|\,\boldsymbol{\tau} - R_h\boldsymbol{\tau}\,|_{1,\Omega} + \| \boldsymbol{\tau} - R_h\boldsymbol{\tau} \|_{0,\Omega}) + \| R_h\boldsymbol{\tau} - \boldsymbol{\tau} \|_{0,\Omega} \\ &\leqslant ch^m \| \boldsymbol{\tau} \|_m, \quad 2 \leqslant m \leqslant l. \end{aligned} \quad (4\text{-}21)$$

显然有

$$\| \Pi_h\boldsymbol{\tau} \|_{0,\Omega} \leqslant \| \Pi_h\boldsymbol{\tau} - \boldsymbol{\tau} \|_{0,\Omega} + \| \boldsymbol{\tau} \|_{0,\Omega} \leqslant c \| \boldsymbol{\tau} \|_{1,\Omega} \quad (4\text{-}22)$$

即 Π_h 是 $H^1(\Omega,\mathbb{S}) \to L^2(\Omega,\mathbb{S})$ 上的有界线性算子. 因此,所构造单元 Σ_h 是稳定的.

引理 4. 2. 2　插值算子 $\Pi_h: H^1(\Omega,\mathbb{S}) \to \Sigma_h$,满足引理 4. 2. 1,从而有 BB 条件

$$\sup_{\forall \tau_h \in \Sigma_h} \frac{b(\boldsymbol{\tau}_h, \boldsymbol{v}_h)}{\| \boldsymbol{\tau}_h \|_{H(\mathrm{div},\Omega,\mathbb{S})}} \geqslant \beta \| \boldsymbol{v}_h \|_{0,\Omega}, \forall \boldsymbol{v}_h \in V_h$$

成立.

证明:由 $\mathrm{div}\,\Sigma_h \subset V_h$ 是满射, 则 $\forall \boldsymbol{\tau} \in H(\mathrm{div},\Omega,\mathbb{S})$, $\Pi_h\boldsymbol{\tau} \in \Sigma_h$,存在 $\boldsymbol{v}_h \in V_h$,使 $\mathrm{div}\Pi_h\boldsymbol{\tau} = \boldsymbol{v}_h$,

$$\begin{aligned} \sup_{\forall \tau_h \in \Sigma_h} \frac{b(\boldsymbol{\tau}_h, \boldsymbol{v}_h)}{\| \boldsymbol{\tau}_h \|_{H(\mathrm{div},\Omega,\mathbb{S})}} &= \sup_{\forall \tau_h \in \Sigma_h} \frac{\int_\Omega \mathrm{div}\tau_h \cdot \boldsymbol{v}_h \mathrm{d}\Omega}{\| \boldsymbol{\tau}_h \|_{H(\mathrm{div},\Omega)}} = \sup_{\forall \tau \in \Sigma_h} \frac{\int_\Omega \mathrm{div}\Pi_h\tau \cdot \boldsymbol{v}_h \mathrm{d}\Omega}{\| \Pi_h\tau \|_{H(\mathrm{div},\Omega)}} \\ &\geqslant \frac{\| \boldsymbol{v}_h \|_{0,\Omega}^2}{(\| \Pi_h\boldsymbol{\tau} \|_{0,\Omega}^2 + \| \mathrm{div}\Pi_h\boldsymbol{\tau} \|_{0,\Omega}^2)^{\frac{1}{2}}} \\ &= \frac{\| \boldsymbol{v}_h \|_{0,\Omega}^2}{(\| \Pi_h\boldsymbol{\tau} \|_{0,\Omega}^2 + \| \boldsymbol{v}_h \|_{0,\Omega}^2)^{\frac{1}{2}}} \geqslant \beta \| \boldsymbol{v}_h \|_{0,\Omega} \end{aligned} \quad (4\text{-}23)$$

即 BB 条件成立, 从而知原离散问题存在唯一解. □

§ 4.3　误差分析

由经典误差理论[14,72]，设(σ_h, u_h)是离散问题式(3-17)的解，而$(\boldsymbol{\sigma},\boldsymbol{u})$是相应连续问题式(3-1)的解，协调元有下列误差估计，

$$\|\boldsymbol{\sigma}-\boldsymbol{\sigma}_h\|_{H(\mathrm{div},\Omega)}+\|\boldsymbol{u}-\boldsymbol{u}_h\|_{0,\Omega} \leqslant c\Big(\inf_{\forall \boldsymbol{\tau}_h\in\sum_h}\|\boldsymbol{\sigma}-\boldsymbol{\tau}_h\|_{H(\mathrm{div},\Omega)}+ \inf_{\forall \boldsymbol{v}_h\in V_h}\|\boldsymbol{u}-\boldsymbol{v}_h\|_{0,\Omega}\Big). \tag{4-24}$$

定理 4.3.1　在$\sum_h\times V_h$的有限元空间中有误差估计：

$$\begin{aligned}&\|\boldsymbol{\sigma}-\boldsymbol{\sigma}_h\|_{0,\Omega}\leqslant ch^m\|\boldsymbol{\sigma}\|_{m,\Omega},\quad 2\leqslant m\leqslant l\\ &\|\boldsymbol{u}-\boldsymbol{u}_h\|_{0,\Omega}\leqslant ch^j(\|\boldsymbol{\sigma}\|_{j,\Omega}+\|\boldsymbol{u}\|_{j,\Omega}),\quad 2\leqslant j\leqslant l\\ &\|\mathrm{div}\boldsymbol{\sigma}-\mathrm{div}\boldsymbol{\sigma}_h\|_{0,\Omega}\leqslant ch^m\|\mathrm{div}\boldsymbol{\sigma}\|_{m,\Omega},\quad 2\leqslant m\leqslant l\end{aligned} \tag{4-25}$$

证明：将方程式(3-1)减去式(4-8)，得误差方程

$$\begin{cases}a(\boldsymbol{\sigma}-\boldsymbol{\sigma}_h,\boldsymbol{\tau}_h)+b(\boldsymbol{\tau}_h,\boldsymbol{u}-\boldsymbol{u}_h)=0, & \forall \boldsymbol{\tau}_h\in\sum_h\\ b(\boldsymbol{\sigma}-\boldsymbol{\sigma}_h,\boldsymbol{v}_h)=0, & \forall \boldsymbol{v}_h\in V_h\end{cases} \tag{4-26}$$

由引理 4.2.1 知

$$\begin{aligned}b(\Pi_h\boldsymbol{\sigma}-\boldsymbol{\sigma}_h,\boldsymbol{u}-\boldsymbol{u}_h)&=\int_\Omega \mathrm{div}(\Pi_h\boldsymbol{\sigma}-\boldsymbol{\sigma}_h)\cdot(\boldsymbol{u}-\boldsymbol{u}_h)\mathrm{d}x\\ &=\int_\Omega(P_h\mathrm{div}\boldsymbol{\sigma}_h-\mathrm{div}\boldsymbol{\sigma}_h)\cdot(\boldsymbol{u}-\boldsymbol{u}_h)\mathrm{d}x\\ &=0\end{aligned} \tag{4-27}$$

由 $a(\cdot,\cdot)$的连续性和椭圆性得

$$\begin{aligned}\alpha\|\Pi_h\boldsymbol{\sigma}-\boldsymbol{\sigma}_h\|_{0,\Omega}^2&\leqslant a(\Pi_h\boldsymbol{\sigma}-\boldsymbol{\sigma}_h,\Pi_h\boldsymbol{\sigma}-\boldsymbol{\sigma}_h)\\ &= a(\Pi_h\boldsymbol{\sigma}-\boldsymbol{\sigma},\Pi_h\boldsymbol{\sigma}-\boldsymbol{\sigma}_h)+a(\boldsymbol{\sigma}-\boldsymbol{\sigma}_h,\Pi_h\boldsymbol{\sigma}-\boldsymbol{\sigma}_h)\\ &= a(\Pi_h\boldsymbol{\sigma}-\boldsymbol{\sigma},\Pi_h\boldsymbol{\sigma}-\boldsymbol{\sigma}_h)-b(\Pi_h\boldsymbol{\sigma}-\boldsymbol{\sigma}_h,\boldsymbol{u}-\boldsymbol{u}_h)\\ &= a(\Pi_h\boldsymbol{\sigma}-\boldsymbol{\sigma},\Pi_h\boldsymbol{\sigma}-\boldsymbol{\sigma}_h)\\ &\leqslant\gamma\|\Pi_h\boldsymbol{\sigma}-\boldsymbol{\sigma}\|_{0,\Omega}\|\Pi_h\boldsymbol{\sigma}-\boldsymbol{\sigma}_h\|_{0,\Omega}\end{aligned}$$

即
$$\|\Pi_h\boldsymbol{\sigma}-\boldsymbol{\sigma}_h\|_{0,\Omega}\leqslant\frac{\gamma}{\alpha}\|\Pi_h\boldsymbol{\sigma}-\boldsymbol{\sigma}\|_{0,\Omega}$$
$$\leqslant ch^m\|\boldsymbol{\sigma}\|_{m,\Omega},\qquad 2\leqslant m\leqslant l \tag{4-28}$$
进一步得
$$\|\boldsymbol{\sigma}-\boldsymbol{\sigma}_h\|_{0,\Omega}\leqslant\|\Pi_h\boldsymbol{\sigma}-\boldsymbol{\sigma}\|_{0,\Omega}+\|\Pi_h\boldsymbol{\sigma}-\boldsymbol{\sigma}_h\|_{0,\Omega}$$
$$\leqslant ch^m\|\boldsymbol{\sigma}\|_{m,\Omega},\quad 2\leqslant m\leqslant l \tag{4-29}$$
接下来讨论位移空间的误差，$V_h\in P_1(K;\Omega)$，令 $P_h:L^2(\Omega,\Omega)\to V_h$，满足
$$\|\boldsymbol{u}-P_h\boldsymbol{u}\|_{0,\Omega}\leqslant ch^j\|\boldsymbol{u}\|_{j,\Omega},\quad 2\leqslant j\leqslant l.$$
由式(4-26)、式(4-29)，即
$$\beta\|\boldsymbol{u}_h-\boldsymbol{v}_h\|_{0,\Omega}\leqslant\sup_{\forall\tau_h\in H(\mathrm{div},\Omega)}\frac{b(\boldsymbol{\tau}_h,\boldsymbol{u}_h-\boldsymbol{v}_h)}{\|\boldsymbol{\tau}_h\|_{H(\mathrm{div},\Omega,\mathbb{S})}}$$
$$\leqslant\sup_{\forall\tau_h\in H(\mathrm{div},\Omega)}\frac{b(\boldsymbol{\tau}_h,\boldsymbol{u}_h-\boldsymbol{u})+b(\boldsymbol{\tau}_h,\boldsymbol{u}-\boldsymbol{v}_h)}{\|\boldsymbol{\tau}_h\|_{(\mathrm{div},\Omega,\mathbb{S})}}$$
$$=\sup_{\forall\tau_h\in H(\mathrm{div},\Omega,\mathbb{S})}\frac{b(\boldsymbol{\tau}_h,\boldsymbol{u}_h-\boldsymbol{u})}{\|\boldsymbol{\tau}_h\|_{H(\mathrm{div},\Omega,\mathbb{S})}}+\sup_{\forall\tau_h\in H(\mathrm{div},\Omega,\mathbb{S})}\frac{b(\boldsymbol{\tau}_h,\boldsymbol{u}-\boldsymbol{v}_h)}{\|\boldsymbol{\tau}_h\|_{H(\mathrm{div},\Omega,\mathbb{S})}}$$
$$\leqslant\sup_{\forall\tau_h\in H(\mathrm{div},\Omega,\mathbb{S})}\frac{a(\boldsymbol{\sigma}-\boldsymbol{\sigma}_h,\boldsymbol{\tau}_h)}{\|\boldsymbol{\tau}_h\|_{H(\mathrm{div},\Omega)}}+\|\boldsymbol{u}-\boldsymbol{v}_h\|_{0,\Omega}$$
$$\leqslant\gamma\|\boldsymbol{\sigma}-\boldsymbol{\sigma}_h\|_{0,\Omega}+\|\boldsymbol{u}-\boldsymbol{v}_h\|_{0,\Omega}$$
$$\leqslant ch^m\|\boldsymbol{\sigma}\|_m+ch^j\|\boldsymbol{u}\|_j,\qquad 2\leqslant m\leqslant l,2\leqslant j\leqslant l.$$
从而有
$$\|\boldsymbol{u}-\boldsymbol{u}_h\|_{0,\Omega}=\|\boldsymbol{u}-\boldsymbol{v}_h\|_{0,\Omega}+\|\boldsymbol{u}_h-\boldsymbol{v}_h\|_{0,\Omega}$$
$$\leqslant ch^j(\|\boldsymbol{\sigma}\|_j+\|\boldsymbol{u}\|_j),\qquad 2\leqslant j\leqslant l, \tag{4-30}$$
由 L^2-投影性质得
$$\|\mathrm{div}\boldsymbol{\sigma}-\mathrm{div}\boldsymbol{\sigma}_h\|_{0,\Omega}=\|\mathrm{div}\boldsymbol{\sigma}-\mathrm{div}\Pi_h\boldsymbol{\sigma}\|_{0,\Omega}$$
$$=\|\mathrm{div}\boldsymbol{\sigma}-P_h\mathrm{div}\boldsymbol{\sigma}\|_{0,\Omega}$$
$$\leqslant ch^m\|\mathrm{div}\boldsymbol{\sigma}\|_{m,\Omega},\qquad 2\leqslant m\leqslant l.$$
□

§ 4.4　离散的弹性复形

弹性复形在二维空间中由文献[51]知具有如下形式,

$$0 \to P_1(\Omega) \xrightarrow{\subset} C^{\infty}(\Omega) \xrightarrow{J} C^{\infty}(\Omega,\mathbb{S}) \xrightarrow{\mathrm{div}} C^{\infty}(\Omega,\mathbb{R}^2) \to 0,$$

此弹性复形可以进一步降低光滑性要求, 即

$$0 \to P_1(\Omega) \xrightarrow{\subset} H^2(\Omega) \xrightarrow{J} H(\mathrm{div},\Omega,\mathbb{S}) \xrightarrow{\mathrm{div}} L^2(\Omega,\mathbb{R}^2) \to 0,$$

本书所构造的高阶单元可以构成如下弹性复形,

$$0 \to P_1(\Omega) \xrightarrow{\subset} Q_h^k \xrightarrow{J} \sum\nolimits_h^k \xrightarrow{\mathrm{div}} V_h^l \to 0,$$

其中,Q_h^k 是 $P_{k+2,k+2}(\Omega)$ 上的有限元空间. 定义 $J:Q_h^k \to \sum_h^k$,限制在 K 上即 $JQ_h^k \in \sum_h^k$,定义

$$M_K^k = \{q \in P_{k+2,k+2} \mid Jq = b_k^2 \Phi, \forall \Phi \in P_{k-2,k-2}\},$$

设 $q \in Q_h^k$ 因此可以定义 Q_h^k 中的自由度如下:

(1) $q|_{a_i}$,a_i 是 K 的顶点,共 4 个自由度;

(2) $\nabla q|_{a_i}$ 共 8 个自由度;

(3) $\left.\dfrac{\partial^2 q}{\partial x_1 \partial x_2}\right|_{a_i}$ 共 4 个自由度;　(4-31)

(4) $\int_{e_i} q\boldsymbol{v}\mathrm{d}s, \forall \boldsymbol{v} \in P_{k-3}$ 共 $4(k-2)$ 个自由度;

(5) $\int_{e_i} \dfrac{\partial q}{\partial \boldsymbol{n}}\boldsymbol{v}\mathrm{d}s, \forall \boldsymbol{v} \in P_{k-1}$ 共 $4k$ 个自由度;

(6) $\int_K Jq:\Phi\mathrm{d}x, \forall \Phi \in M_K^k$,共 $(k-1)^2$ 个自由度.

定理 4.4.1　上述所给单元自由度是适定的.

证明:当自由度全部为 0 时, 由于 $q \in P_{k+2,k+2}(\Omega)$,且设 a_i, a_j 是边 e_i 的顶点,则由自由度式(4-31)的(1)、(2)、(4)知 $q|_{e_i}=0$. 又由自由度式(4-31)的(2)、(3)、(5)知 $\nabla q|_{e_i}=0$,即 $q=b_T^2\Phi, \forall \Phi \in P_{k-2,k-2}(K)$ 由自由度(6)知 $q|_k \equiv 0$。　□

由$\sum_h^k$空间中的自由度得$q,\nabla q$跨越单元边界是连续的，因此Q_h^K有限元空间是整体$H^2(\Omega)$的. 令$I_h:H^2(\Omega)\to Q_h^k$，定义如下：

(1) $I_h q|_{a_i}=q|_{a_i}$，a_i是K的顶点，

(2) $\nabla I_h q|_{a_i}=\nabla q|_{a_i}$，$a_i$是$K$的顶点，

(3) $\frac{\partial^2 I_h q}{\partial x_1\partial x_2}|_{a_i}=R_h(\frac{\partial^2 q}{\partial x_1\partial x_2})|_{a_i}$，$a_i$是$K$的顶点，

(4) $\int_{e_i} I_h q\boldsymbol{v}\mathrm{d}s=\int_{e_i} q\boldsymbol{v}\mathrm{d}s,\ \forall\boldsymbol{v}\in P_{k-3}$，$e_i$是$K$的边，　　(4-32)

(5) $\int_{e_i}\frac{\partial I_h q}{\partial\boldsymbol{n}}\boldsymbol{v}\mathrm{d}s=\int_{e_i}\frac{\partial q}{\partial\boldsymbol{n}}\boldsymbol{v}\mathrm{d}s,\ \forall\boldsymbol{v}\in P_{k-1}$，$e_i$是$K$的边，

(6) $\int_K JI_h q:\boldsymbol{\Phi}\mathrm{d}x=\int_K Jq:\boldsymbol{\Phi}\mathrm{d}x,\ \forall\boldsymbol{\Phi}\in M_K^k.$

由格林公式容易验证

$$J(I_h q)=\Pi_h Jq.$$

从而建立弹性复形如下：

$$\begin{array}{ccccccccc}
0\to P_1(\Omega) & \xrightarrow{\subset} & H^2(\Omega) & \xrightarrow{J} & H(\mathrm{div},\Omega,\mathbb{S}) & \xrightarrow{\mathrm{div}} & L^2(\Omega,\mathbb{R}^2) & \to 0, \\
\downarrow id & & \downarrow I_h & & \downarrow \Pi_h & & \downarrow P_h & \\
0\to P_1(\Omega) & \xrightarrow{\subset} & Q_K^k & \xrightarrow{J} & \Sigma_K^k & \xrightarrow{\mathrm{div}} & V_h^l & \to 0.
\end{array}$$

注 4.4.1　在本书中，我们给出了一种高阶单元，且构造了相应的弹性复形，对于应力空间阶数较低时，当$k=-2$时，我们在第 3 章做了深入的分析，当$-2<k<1$时，很难证明在文献[51]中的关于散度和投影的交换性质$\mathrm{div}\Pi_h\boldsymbol{\tau}=P_h\mathrm{div}\boldsymbol{\tau}$. 因此，不能构造相应的有限元空间.

第 5 章　空间 $M_k(K)$ 结构新的分析方法

线弹性方程的解空间是具有对称性质的应力矩阵和位移向量. 在 Hellinger-Reissner 变分形式下,构造稳定的单元是有限元求解弹性问题的关键. 其中, 通过构造复合单元的方法[35,36,38,40], 求解弹性问题, 这种方法比较复杂. 也可以通过用 Lagrange 乘子重建弹性问题的混合变分形式, 对应力空间施加弱对称性, 解决线弹性问题[41-43,48,49]. 2002 年, Arnold 和 Winther[57]构造了一系列稳定的协调三角形单元和刚体运动下的低阶简化单元,并提出了构造稳定对称应力空间的两个关键条件,开创了弹性问题混合元的新方法,引发了一系列的后续工作,这里不一一叙述. 在将二维三角形协调元推广到三维四面体元时,遇到了新问题. Arnold, Awanou 和 Winther[57]提出,应力形函数空间 Σ_K 采用 $k+3$ 次对称矩阵多项式空间($k\geqslant 1$), 加一个约束条件即其中矩阵函数的散度是 k 次多项式空间. 但满足上述两个关键条件的自由度个数小于 Σ_K 的维数, 需要补充 Σ_K 的一个子空间,使得空间维数加上自由度的个数正好等于 Σ_K 的维数, 这个补充空间就是 $M_k(K)$ ($k\geqslant 4$), 这样证明单元构造适定性的关键就是要给出 $M_k(K)$ 的维数. Arnold 等用很大的篇幅和抽象的方法证明了 $M_k(K)$ ($k\geqslant 4$) 的维数, 也给出在一般单元上求出 $M_4(K)$ 和 $M_5(K)$ 的基函数的一种方法, 但实际中不易实现, 且没有给出求任意 $M_k(K)$ 的基函数的方法, 因为不同的 k,方法不同.

本章采用一种新的方法解决这一问题. 由于 $M_k(K)$ 中两个约束条件是针对散度和单元边界上法向分量,他们在 Piola 变换下形式不变. 因而我们将 $M_k(K)$ 转移到参考元 $\hat{K}$ 上, 这使得问题大大简化. 我们把对任意 k 的空间 $M_k(\hat{K})$ 元素刻划成了线性方程组不定问题, 而不是仅

对个别的 K，只需求出基础解系，这在计算机上是比较容易做到.

Arnold 等在文献[57]中构造的最简单四面体单元应力自由度是 162 个,比较多,还有改进的空间,这在弹性问题混合元历史上不乏先例,例如矩形协调元,Arnold 等在文献[52]中提出的最简单矩形单元应力和位移自由度是(45+12)，陈绍春，王娅娜[53]将其改进为(17+4)，胡俊等[77]又将其改进为(10+4),文献[67]还有胡俊等[78]将其改进为最简单的(8+2),等等. 在简化文献[52]中的单元,即降低应力空间的维数,就要用到 $M_k(K)$,$k\leqslant 3$，因此研究 $M_k(K)$,$k\leqslant 3$ 的结构是有意义的.

用上述我们的方法证明 $M_k(K)=0$，$k\leqslant 3$,用同样的方法我们求出 $M_4(K)$ 的一组显式基，由于篇幅所限我们没有列出求解过程. 虽然我们只讨论了 $M_3(K)$ 和 $M_4(K)$，但我们的方法对任意 k 均成立.

分为三个部分:第一部分引言，介绍了解决弹性问题方法的基本发展和为什么要用本书中的方法计算空间 $M_3(K)$ 的维数. 第二部分阐述了计算此空间维数的具体方法. 第三部分,用本书的方法对 $M_k(K)$，$k\leqslant 4$ 空间进行计算并给出 $M_4(K)$ 的显式基.

§5.1　计算 $M_k(K)$ 空间的代数结构

令 $P_k(K;\mathbb{S})$ 为单元 K 上定义在$\mathbb{S}$ 空间上的次数不高于 k 的对称多项式矩阵,且 $P_k(x_i,x_j)$ 是关于 x_i,x_j 上次数不大于 k 的多项式空间. 设四面体单元的各个面分别为 $f_i(i=1,2,3,4)$. 定义空间

$$M_k(K)=\{\boldsymbol{\tau}\in P_k(K;\mathbb{S})\mid \operatorname{div}\boldsymbol{\tau}=0,\boldsymbol{\tau n}\mid_{\partial K}=0\}$$

令 T 是 Γ_h 的任一个四面体单元,a_i 是单元的顶点$(0\leqslant i\leqslant d)$,$F_i$ 指所对应的面. 令 $\hat{T}$ 是参考单元且顶点坐标是 $\hat{\boldsymbol{a}}_0=0,\hat{\boldsymbol{a}}_i=\hat{\boldsymbol{e}}_i$ 边(面)$\hat{F}_i$ 所对顶点为 $\hat{a}_i$,$0\leqslant i\leqslant d$,其中 $\hat{\boldsymbol{e}}_i=(0,\cdots,\overset{i}{1},\cdots,0)\in R^d$. $F_i(\hat{F}_i)$上的单位法向量定义为 $\boldsymbol{n}_i(\hat{\boldsymbol{n}}_i)$,$0\leqslant i\leqslant d$,且其相应面的方程为 $x_i=0,i=1,2,3$ 和 $x_1+x_2+x_3=1$.

从 $\hat{T}$ 到 T 的仿射变换定义为

$$\boldsymbol{x} = B_T\hat{\boldsymbol{x}} + \boldsymbol{a}_0, \tag{5-1}$$

其中 $\hat{\boldsymbol{a}}_i \to \boldsymbol{a}_i, 0 \leqslant i \leqslant d$,则

$$\hat{\text{grad}} = B_T\text{grad}, \quad \hat{\boldsymbol{n}}_i = \mu_i^{-1} B'_T \boldsymbol{n}_i \quad \mu_i = \| B'_T \boldsymbol{n}_i \|, \quad 0 \leqslant i \leqslant d, \tag{5-2}$$

其中,‖ · ‖表示向量的范数,式(5-2)的第一个等式显然成立,对于第二个等式,若 $\boldsymbol{n} \cdot \overrightarrow{a_i a_j} = 0$,则 $B'_T \boldsymbol{n} \cdot \overrightarrow{\hat{a}_i \hat{a}_j} = \boldsymbol{n} \cdot B_T \overrightarrow{\hat{a}_i \hat{a}_j} = \boldsymbol{n} \cdot \overrightarrow{a_i a_j} = 0$. 定义在参考单元 $\hat{T}$ 的函数 $\hat{f}$, 向量 $\hat{\boldsymbol{v}}$ 和对称矩阵 $\hat{\boldsymbol{\tau}}$ 及定义在一般单元 T 上的 $f, \boldsymbol{v}$ 和 $\boldsymbol{\tau}$ 变换如下

$$f(\boldsymbol{x}) = \hat{f}(\hat{\boldsymbol{x}}), \boldsymbol{v}(\boldsymbol{x}) = B_T \hat{\boldsymbol{v}}(\hat{\boldsymbol{x}}), \tau(x) = B_T \hat{\boldsymbol{\tau}}(\hat{\boldsymbol{x}}) B'_T, \tag{5-3}$$

后面两个等式是矩阵和向量的 Piola 变换,则有

$$\begin{cases} \boldsymbol{\tau n}_i \cdot \boldsymbol{q} = \hat{\boldsymbol{\tau}} \hat{\boldsymbol{n}}_i \cdot (\mu_i B'_T B_T \hat{\boldsymbol{q}}) \\ \text{div}\boldsymbol{\tau} = B_T \hat{\text{div}} \hat{\boldsymbol{\tau}} \end{cases} \tag{5-4}$$

由式(5-2)直接得到式(5-4)第一式,对第二式,设 $\boldsymbol{\tau} = (\tau_{ij})_{3\times 3}, \boldsymbol{\tau}_i = (\tau_{i1}, \tau_{i2}, \tau_{i3})$ 是 $\boldsymbol{\tau}$ 的行向量,$1 \leqslant i \leqslant 3$. 由定义 div$\boldsymbol{\tau}$ 是列向量, 第 i 个元素是 $\sum_{j=1}^{3} \frac{\partial_{ij} \Gamma_{ij}}{\partial x_j} = \text{grad}' \boldsymbol{\tau}'_i$, 这样

$$(\text{div}\boldsymbol{\tau})' = \text{grad}'(\boldsymbol{\tau}'_i, \boldsymbol{\tau}'_2, \boldsymbol{\tau}'_3) \tag{5-5}$$

将式(5-2)、式(5-4)代入得

$$(\text{div}\boldsymbol{\tau})' = \hat{\text{grad}}'(B_T^{-1})' B_T \hat{\tau} B'_T = \hat{\text{grad}}' \hat{\tau}' B'_T = (\hat{\text{div}} \hat{\tau})' B'_T$$

从而在 Piola 变换下有

$$\text{div}\boldsymbol{\tau} = B_T \hat{\text{div}} \hat{\tau}. \tag{5-6}$$

此即式(5-4)的第二式.

为方便, 本书中均用 K 代替 $\hat{K}$, 即所有讨论均在参考单元上进行.

设 $\boldsymbol{\tau} \in M_k(K)$, 则 $\tau \in P_k(K; \mathbb{S})$,由 $\boldsymbol{\tau n} | F_i = 0, (1 \leqslant i \leqslant 3)$, 得 $\tau_{ii}|_{x_i} = 0, \tau_{i,i+1}|_{x_i} = 0, \tau_{i,i+1}|_{x_{i+1}} = 0$, $1 \leqslant i, i+1 \leqslant 3$,由此得

$$\tau_{ii} = x_i \widetilde{P}_{ii}, \widetilde{P}_{ii} \in P_{k-1}(T), 1 \leqslant i \leqslant 3. \tag{5-7}$$

$$\tau_{i,i+1} = x_i x_{i+1} P_{i,i+1}\text{，且 } P_{i,i+1} \in P_{k-2}(T),1 \leqslant i,i+1 \leqslant 3. \quad (5\text{-}8)$$

进一步，由 $M_k(K)$ 的定义，$\operatorname{div}\boldsymbol{\tau}=0$，且令

$$\widetilde{P}_{ii} = x_i P_{ii} + P_{ii}^*, P_{ii} \in P_{k-2}(T), P_{ii}^* \in P_{k-1}(x_{i-1},x_{i+1}), 1 \leqslant i,i+1 \leqslant 3.$$

从而得

$$\frac{\partial \tau_{11}}{\partial x_1} + \frac{\partial \tau_{12}}{\partial x_2} + \frac{\partial \tau_{13}}{\partial x_3} = (\widetilde{P}_{11} + x_1 \frac{\partial \widetilde{P}_{11}}{\partial x_1}) + (x_1 P_{12} + x_1 x_2 \frac{\partial P_{12}}{\partial x_2}) + (x_1 P_{13} + x_1 x_3 \frac{\partial P_{13}}{\partial x_3})$$

$$= P_{11}^* + x_1 \left[\left(P_{11} + \frac{\partial (x_1 P_{11} + P_{11}^*)}{\partial x_1} \right) + \left(P_{12} + x_2 \frac{\partial P_{12}}{\partial x_2} \right) + \left(P_{13} + x_3 \frac{\partial P_{13}}{\partial x_3} \right) \right] \equiv 0 \quad (5\text{-}9)$$

则得

$$P_{11}^*(x_2,x_3) \equiv 0 \quad (5\text{-}10)$$

从而有

$$(2P_{11} + x_1 \frac{\partial P_{11}}{\partial x_1}) + (P_{12} + x_2 \frac{\partial P_{12}}{\partial x_2}) + (P_{13} + x_3 \frac{\partial P_{13}}{\partial x_3}) = 0 \quad (5\text{-}11)$$

同理得

$$P_{22}^*(x_1,x_3) = P_{33}^*(x_1,x_2) \equiv 0 \quad (5\text{-}12)$$

即

$$\tau_{ii} = x_i^2 P_{ii}(T), P_{ii}(T) \in P_{k-2}(T) \quad (5\text{-}13)$$

$$(P_{12} + x_1 \frac{\partial P_{12}}{\partial x_1}) + (2P_{22} + x_2 \frac{\partial P_{22}}{\partial x_2}) + (P_{23} + x_3 \frac{\partial P_{23}}{\partial x_3}) = 0. \quad (5\text{-}14)$$

$$(P_{13} + x_1 \frac{\partial P_{13}}{\partial x_1}) + (P_{23} + x_2 \frac{\partial P_{23}}{\partial x_2}) + (2P_{33} + x_3 \frac{2\partial P_{33}}{\partial x_3}) = 0. \quad (5\text{-}15)$$

在面 F_4 上，

$$\boldsymbol{\tau n}\,\Big|_{F_4}=\frac{1}{\sqrt{3}}\begin{pmatrix}\tau_{11}+\tau_{12}+\tau_{13}\\ \tau_{21}+\tau_{22}+\tau_{23}\\ \tau_{31}+\tau_{32}+\tau_{33}\end{pmatrix}\Bigg|_{x_1+x_2+x_3=1}=0 \tag{5-16}$$

由 τ_{ij} 的定义的式(5-7)、式(5-8)、式(5-13)在平面 $F_4:x_1+x_2+x_3=1$ 上得

$$\begin{cases}x_1(x_1P_{11}+x_2P_{12}+x_3P_{13})=0,\\ x_2(x_1P_{12}+x_2P_{22}+x_3P_{23})=0,\text{在平面 } F_4 \text{ 上成立.}\\ x_3(x_1P_{13}+x_2P_{23}+x_3P_{33})=0,\end{cases} \tag{5-17}$$

由式(5-17)在 F_4 上恒为零知,若

$$x_1P_{11}+x_2P_{12}+x_3P_{13}\,|_{P_0\in F_4}\neq 0$$

则一定存在 $U_{(P_0,\delta)}\in F_4$，使 $x_1(x_1P_{11}+x_2P_{12}+x_3P_{13})\,|_{U_{(P_0,\delta)}}\neq 0$，因此，在平面 F_4 上有下面等式恒成立.

$$\begin{cases}x_1P_{11}+x_2P_{12}+x_3P_{13}=0,\\ x_1P_{12}+x_2P_{22}+x_3P_{23}=0,\text{在平面 } F_4 \text{ 上成立.}\\ x_1P_{13}+x_2P_{23}+x_3P_{33}=0,\end{cases} \tag{5-18}$$

由上面的推导得到下面定理,

定理 5.1.1　$\boldsymbol{\tau}\in M_k(K)$ 的充要条件是

$\boldsymbol{\tau}=(\tau_{ij})_{3\times 3},\tau_{ij}=\tau_{ji},\tau_{ii}=x_i^2P_{ii},\tau_{i,i+1}=x_ix_{i+1}P_{i,i+1},(1\leqslant i,i+1\leqslant 3)$,其中,$P_{ii},P_{i,i+1}\in P_{k-2}(T),(1\leqslant i,i+1\leqslant 3)$,且满足式(5-11)、式(5-14)、式(5-15)、式(5-18).

§ 5.2　空间 $M_k(K)$ $(k\leqslant 4)$ 的显式基

定理 5.2.1　令 K 是四面体参考单元，当 $k=3$ 时,即

$$M_3(K)=\{\tau\in P_3(K;\mathbb{S})\mid \mathrm{div}t\boldsymbol{\tau}=0,\boldsymbol{\tau n}\,|_{\partial K}=0\}$$

则 $M_3(K)$ 中只有零元.

证明:由式(5-13)、式(5-8)令

$$\tau_{ii}=x_i^2P_{ii}(T)\triangleq x_i^2(P_1^{(ii)}(x_j,x_k)+\alpha_{ii}x_i),(i\neq j,k;i,j,k=1,2,3). \tag{5-19}$$

$$\tau_{ij}=x_ix_jP_{ij}(T)\triangleq x_ix_j(P_1^{(ij)}(x_k)+\beta_{ij}x_j+\gamma_{ij}x_i),(i\leqslant j;i,j,k=1,2,3). \tag{5-20}$$

将 $P_{ii}(T)$，$P_{ij}(T)$ 代入式(5-11)，式(5-14)，式(5-15)得

$$(2P_1^{(11)}(x_2,x_3)+3\alpha_{11}x_1)+(P_1^{(12)}(x_3)+2\beta_{12}x_2+\gamma_{12}x_1)+(P_1^{(13)}(x_2)+2\beta_{13}x_3+\gamma_{13}x_1)=0 \tag{5-21}$$

$$(2P_1^{(22)}(x_1,x_3)+3\alpha_{22}x_2)+(P_1^{(12)}(x_3)+\beta_{12}x_2+2\gamma_{12}x_1)+(P_1^{(23)}(x_1)+2\beta_{23}x_3+\gamma_{23}x_2)=0 \tag{5-22}$$

$$(2P_1^{(33)}(x_1,x_2)+3\alpha_{33}x_3)+(P_1^{(13)}(x_2)+\beta_{13}x_3+2\gamma_{13}x_1)+(P_1^{(23)}(x_1)+\beta_{23}x_3+2\gamma_{23}x_2)=0 \tag{5-23}$$

设

$$\begin{cases}P_1^{(ii)}(x_j,x_k)=a_1^{(ii)}+a_2^{(ii)}x_j+a_3^{(ii)}x_k\\ P_1^{(ij)}(x_k)=b_1^{(ij)}+b_2^{(ij)}x_k,(i\leqslant j;i,j,k=1,2,3).\end{cases} \tag{5-24}$$

由式(5-21)~式(5-24)得三组方程如下：

$$\begin{cases}2a_1^{(11)}+b_1^{(12)}+b_1^{(13)}=0\\ 2a_2^{(11)}+2\beta_{12}+b_2^{(13)}=0\\ 2a_3^{(11)}+b_2^{(12)}+2\beta_{13}=0\\ 3\alpha_{11}+\gamma_{12}+\gamma_{13}=0\end{cases} \tag{5-25}$$

$$\begin{cases}2a_1^{(22)}+b_1^{(12)}+b_1^{(23)}=0\\ 2a_2^{(22)}+2\gamma_{12}+b_2^{(23)}=0\\ 2a_3^{(22)}+b_2^{(12)}+2\beta_{23}=0\\ 3\alpha_{22}+\beta_{12}+\gamma_{23}=0\end{cases} \tag{5-26}$$

$$\begin{cases}2a_1^{(33)}+b_1^{(13)}+b_1^{(23)}=0\\ 2a_2^{(33)}+2\gamma_{13}+b_2^{(23)}=0\\ 2a_3^{(33)}+b_2^{(13)}+2\gamma_{23}=0\\ 3\alpha_{33}+\beta_{13}+\beta_{23}=0\end{cases} \tag{5-27}$$

由式(5-18)得

$$x_1(P_1^{(11)}(x_2,x_3)+\alpha_{11}x_1)+x_2(P_1^{(12)}(x_3)+\beta_{12}x_2+\gamma_{12}x_1)+x_3(P_1^{(13)}(x_2)+\beta_{13}x_3+\gamma_{13}x_1)=0 \tag{5-28}$$

$$x_2(P_1^{(22)}(x_1,x_3)+\alpha_{22}x_2)+x_1(P_1^{(12)}(x_3)+\beta_{12}x_2+\gamma_{12}x_1)+x_3(P_1^{(23)}(x_1)+\beta_{23}x_3+\gamma_{23}x_2)=0 \tag{5-29}$$

$$x_3(P_1^{(33)}(x_1,x_2)+\alpha_{33}x_3)+x_1(P_1^{(13)}(x_3)+\beta_{13}x_3+\gamma_{13}x_1)$$
$$+x_2(P_1^{(23)}(x_1)+\beta_{23}x_3+\gamma_{23}x_2)=0 \quad (5\text{-}30)$$

由式(5-28)~式(5-30)、式(5-24)得三组方程如下：

$$\begin{cases} a_1^{(11)}+\alpha_{(11)}=0 \\ -a_1^{(11)}-2\alpha_{11}+b_1^{(12)}+a_2^{(11)}+\gamma_{12}=0 \\ -a_1^{(11)}-2\alpha_{11}+b_1^{(13)}+a_3^{(11)}+\gamma_{13}=0 \\ 2\alpha_{11}-a_2^{(11)}-\gamma_{12}-a_3^{(11)}-\gamma_{13}+b_2^{(12)}+b_2^{(13)}=0 \\ \alpha_{11}-a_2^{(11)}-\gamma_{12}+\beta_{12}=0 \\ \alpha_{11}-a_3^{(11)}-\gamma_{13}+\beta_{13}=0 \end{cases} \quad (5\text{-}31)$$

$$\begin{cases} a_1^{(22)}+\alpha_{22}=0 \\ a_2^{(22)}-2\alpha_{22}+b_1^{(12)}-a_1^{(22)}+\beta_{12}=0 \\ a_3^{(22)}-a_1^{(22)}-2\alpha_{22}+b_1^{(23)}+\gamma_{23}=0 \\ -a_3^{(22)}-a_2^{(22)}+2\alpha_{22}+b_2^{(23)}-\gamma_{23}+b_2^{(12)}-\beta_{12}=0 \\ \alpha_{22}-a_3^{(22)}-\gamma_{23}+\beta_{23}=0 \\ \alpha_{22}-a_2^{(22)}+\gamma_{12}-\beta_{12}=0 \end{cases} \quad (5\text{-}32)$$

$$\begin{cases} a_1^{(33)}+\alpha_{33}=0 \\ -a_1^{(33)}-2\alpha_{33}+b_1^{(13)}+a_2^{(33)}+\beta_{13}=0 \\ -a_1^{(33)}-2\alpha_{33}+b_1^{(23)}+a_3^{(33)}+\beta_{23}=0 \\ 2\alpha_{33}-a_2^{(33)}-\beta_{13}-a_3^{(33)}-\beta_{23}+b_2^{(23)}+b_2^{(13)}=0 \\ \alpha_{33}-a_2^{(33)}+\gamma_{13}-\beta_{13}=0 \\ \alpha_{33}-a_3^{(33)}+\gamma_{23}-\beta_{23}=0 \end{cases} \quad (5\text{-}33)$$

由以上讨论，可以知道上面方程中有 24 个未知数. 解线性方程组得方程只有零解，即

$$\dim M_3(K)=0$$

因此，集合 $M_3(K)$ 中只有零元素. □

在文献[57]中证明了当 $k=4$ 时，空间 $M_4(K)$ 的维数为 6，这里我们用定理所给出的分析方法，设出相应的 $P_{ii}, P_{i,i+1}, (i=1,2,3,$

mod(3)),得到如式(5-31)~式(5-33)的方程组. 求出当 $k=4$ 时的一组在参考单元上的显式基函数.

基中第一个矩阵元素:

$$A\tau_{11} = -\frac{1}{4}x_1^2((1-x_1-x_2-x_3)^2 - 4x_2(1-x_1-x_2-x_3)) - \frac{1}{4}x_1^2x_3^2;$$

$$A\tau_{12} = \frac{1}{4}x_1x_2(3(1-x_1-x_2-x_3)^2 + (x_1+x_2)^2 - (1-x_3)^2) + \frac{1}{4}x_1^2x_2^2;$$

$$A\tau_{22} = -\frac{1}{4}x_2^2((1-x_1-x_2-x_3)^2 - 4x_1(1-x_1-x_2-x_3)) - \frac{1}{4}x_1^2x_2^2;$$

$A\tau_{33} = 0; A\tau_{13} = 0; A\tau_{23} = 0;$

基中第二个矩阵元素:

$$B\tau_{11} = -\frac{1}{4}x_1^2((1-x_1-x_2-x_3)^2 - 4x_3(1-x_1-x_2-x_3)) - \frac{1}{4}x_1^2x_3^2;$$

$$B\tau_{13} = \frac{1}{4}x_1x_3(3(1-x_1-x_2-x_3)^2 + (x_1+x_3)^2 - (1-x_2)^2) + \frac{1}{4}x_1^2x_3^2;$$

$$B\tau_{33} = -\frac{1}{4}x_3^2((1-x_1-x_2-x_3)^2 - 4x_1(1-x_1-x_2-x_3)) - \frac{1}{4}x_1^2x_3^2;$$

$B\tau_{12} = 0; B\tau_{22} = 0; B\tau_{23} = 0;$

基中第三个矩阵元素:

$$C\tau_{22} = -\frac{1}{4}x_2^2((1-x_1-x_2-x_3)^2 - 4x_3(1-x_1-x_2-x_3)) - \frac{1}{4}x_2^2x_3^2;$$

$$C\tau_{23} = \frac{1}{4}x_2x_3(3(1-x_1-x_2-x_3)^2 + (x_2+x_3)^2 - (1-x_1)^2) + \frac{1}{4}x_2^2x_3^2;$$

$$C\tau_{33} = -\frac{1}{4}x_3^2((1-x_1-x_2-x_3)^2 - 4x_2(1-x_1-x_2-x_3)) - \frac{1}{4}x_2^2x_3^2;$$

$C\tau_{11} = 0; C\tau_{13} = 0; C\tau_{12} = 0;$

基中第四个矩阵元素:

$$C\tau_{11} = x_1^2(-x_2 + \frac{25}{8}x_2^2 + x_3 + \frac{5}{8}x_3^2 - \frac{15}{2}x_2x_3 + x_1x_2 - x_1x_3);$$

$$C\tau_{12} = x_1x_2\left(-\frac{1}{2}x_1 + \frac{1}{2} - \frac{1}{2}x_2^2 - 6x_3 + \frac{13}{4}x_3^2 + \frac{33}{4}x_2x_3 - \frac{21}{8}x_1x_2 + \frac{37}{4}x_1x_3\right);$$

$$C\tau_{13} = x_1x_3\left(\frac{1}{2}x_1 - \frac{1}{2} + 2x_2 - \frac{19}{4}x_2^2 + 2x_3 - \frac{3}{2}x_3^2 - \frac{3}{4}x_2x_3 + \frac{9}{4}x_1x_2 - \frac{25}{8}x_1x_3\right);$$

$$C\tau_{22} = x_2^2\left(-\frac{7}{4}x_1 - \frac{1}{8} + \frac{1}{4}x_2 + 4x_1^2 - \frac{1}{8}x_2^2 + \frac{11}{4}x_3 - \frac{13}{8}x_3^2 - \frac{11}{4}x_2x_3 + \frac{7}{4}x_1x_2 - \frac{29}{4}x_1x_3\right);$$

$$C\tau_{23} = x_2x_3\left(\frac{9}{2}x_1 - \frac{1}{4} - \frac{3}{4}x_2 - 8x_1^2 + x_2^2 + \frac{1}{4}x_3 - 2x_1x_3\right);$$

$$C\tau_{33} = x_3^2\left(-\frac{1}{4}x_1 + \frac{3}{8} - \frac{1}{4}x_2 + 4x_1^2 + \frac{7}{8}x_2^2 - \frac{3}{4}x_3 + \frac{3}{8}x_3^2 + \frac{1}{4}x_2 - \frac{9}{4}x_1x_2 + \frac{11}{4}x_1x_3\right);$$

基中第五个矩阵元素：

$$D\tau_{11} = x_1^2\left(-\frac{3}{16}x_2^2 - \frac{3}{16}x_3^2 + \frac{3}{4}x_2x_3\right);$$

$$D\tau_{12} = x_1x_2\left(\frac{1}{4}x_2^2 - \frac{3}{8}x_3^2 - \frac{3}{8}x_2x_3 + \frac{1}{2}x_3 - \frac{1}{4}x_2 - \frac{7}{8}x_1x_3 + \frac{7}{16}x_1x_2\right);$$

$$D\tau_{13} = x_1x_3\left(-\frac{3}{8}x_2^2 + \frac{1}{4}x_3^2 - \frac{3}{8}x_2x_3 - \frac{1}{4}x_3 + \frac{1}{2}x_2 + \frac{7}{16}x_1x_3 - \frac{7}{8}x_1x_2\right);$$

$$D\tau_{22} = x_2^2\left(-\frac{1}{16}x_2^2 + \frac{3}{16}x_3^2 + \frac{1}{8}x_2x_3 - \frac{1}{8}x_3 + \frac{1}{8}x_2 - \frac{1}{8}x_1x_3 - \frac{5}{8}x_1x_2 - \frac{1}{16} + \frac{5}{8}x_1 - \frac{3}{4}x_1^2\right);$$

$$D\tau_{23} = x_2x_3\left(-\frac{1}{8}x_3 - \frac{1}{8}x_2 + x_1x_3 + x_1x_2 + \frac{1}{8} - \frac{5}{4}x_1 + \frac{3}{2}x_1^2\right);$$

$$D\tau_{33} = x_3^2(\frac{3}{16}x_2^2 - \frac{1}{16}x_3^2 + \frac{1}{8}x_2x_3 + \frac{1}{8} - \frac{1}{8}x_2 - \frac{5}{8}x_1 - \frac{1}{8}x_1x_2$$
$$- \frac{3}{16} + \frac{5}{8}x_1 - \frac{3}{4}x_1^2);$$

基中第六个矩阵元素：

$$F\tau_{11} = x_1^2(-\frac{11}{8}x_2^2 - \frac{11}{8}x_3^2 + \frac{11}{2}x_2x_3);$$

$$F\tau_{12} = x_1x_2(\frac{1}{2}x_2^2 + \frac{5}{4}x_3^2 - \frac{11}{4}x_2x_3 + x_3 - \frac{1}{2}x_2 - \frac{15}{4}x_1x_3 + \frac{15}{8}x_1x_2);$$

$$F\tau_{13} = x_1x_3(\frac{5}{4}x_2^2 + \frac{1}{2}x_3^2 - \frac{11}{4}x_2x_3 - \frac{1}{2}x_3 + x_2 + \frac{15}{8}x_1x_3 - \frac{15}{4}x_1x_2);$$

$$F\tau_{22} = x_2^2(-\frac{1}{8}x_2^2 - \frac{5}{8}x_3^2 + \frac{1}{4}x_2x_3 - \frac{1}{4}x_3 + \frac{1}{4}x_2 + \frac{15}{4}x_1x_3 - \frac{5}{4}x_1x_2$$
$$- \frac{1}{8} + \frac{5}{4}x_1 - \frac{5}{2}x_1^2);$$

$$F\tau_{23} = x_2x_3(x_2x_3 - \frac{1}{4}x_3 - \frac{1}{4}x_2 + \frac{1}{4} - \frac{5}{2}x_2x_3 + 5x_2x_3);$$

$$F\tau_{33} = x_3^2(-\frac{5}{8}x_2^2 - \frac{1}{8}x_3^2 + \frac{1}{4}x_2x_3 + \frac{1}{4}x_3 - \frac{1}{4}x_2 - \frac{5}{4}x_1x_3 +$$
$$\frac{15}{4}x_1x_2 - \frac{1}{8} + \frac{5}{4}x_1 - \frac{5}{2}x_1^2);$$

注 5.2.1 (1)本书所给的方法具有一般性，也就是当取任意 k 时求解相应的线性方程组，均可以按照此方法给出一组参考单元上相应的显式基.

(2)用本书的方法计算 $k=4$ 时得到参考单元上此空间的一组显式基. 当进行数值试验时，在满足仿射等价条件下，可以在参考单元上计算，并通过仿射变换转移到一般单元上，提高计算机的计算能力.

(3)这里如果是用文献[57]的方法，当 $k=5$ 时需要首先求出集合 $N_{k-2}^0(K)=\{S\in P_K(K;\mathbb{S}\mid Q_nSQ_n=0, f$ 是四面体的面$)\}$ 的元素

$$S = \sum_e b_eS_e + \sum_f b_fS_f, S_e \in P_1^e(K,N^e), S_f \in N^f$$

$N^g=\{S\in\mathbb{S}\mid Q_nSQ_n=0, g$ 是 $e,f)\}$，其中 e 是四面体的棱，n 是四面体的面 f 的法向量，$Q_n=I-nn'$，I 是单位矩阵. 找到相应的核空间，经过比较复杂的理论分析，且文献[57]中仅从理论上说明了显式基的求法，并未给出 $k=4$、$k=5$ 时的一组显式基.

(4)在文献[60]中利用刚体运动，对多项式空间进行直交分解，重新给出 $M_k(K)$ 空间的由自由度表示的等价形式，从而给出了二维三维单纯形单元下的空间 $M_k(K)$ 的维数，显然这种求空间维数的方法比较简单，但是却不能给出此空间的一组显式基.

第 6 章 弹性问题在单纯形网格上的非协调元

本章构造了关于线弹性问题的一系列从低阶到高阶的三角形和四面体非协调单元及相应刚体运动下的简化单元,这里构造的二维三维单元区别于之前文献中构造的简单单元,其自由度均取在单个单元上,并且自由度的取法更简单. 本书中严格证明了这类单元的仿射等价性,这是分析有限元插值误差的根本条件. 由于本书是在参考单元上定义的有限元空间, 并且当 $k=1$ 时简化的三角形单元应力空间和位移空间具有(12+3)个自由度,四面体单元的应力空间和位移空间分别具有(42+12)个自由度,满足仿射等价, 因此比较容易进行数值实验. 这里单元满足投影性质,通过有限元方法中的非协调元误差分析方法及正则性理论得到了单元的适定性, 离散形式在此单元下的唯一可解性及相应的误差估计.

令 $\boldsymbol{v}=(v_1,\cdots,v_d)'\in R^d$ 是 d 维向量值函数, 在此部分中矩阵或向量的转置用“′”表示,grad$\boldsymbol{v}$ 表示对向量的每一个分量做梯度运算形成行向量的矩阵. 同样,$\boldsymbol{\tau}=(\tau_{ij})_{d\times d}$ 是矩阵, 对 $\boldsymbol{\tau}$ 的行向量求散度形成向量 div$\boldsymbol{\tau}$, 即

$$\mathrm{grad}\boldsymbol{v}=\begin{pmatrix}\dfrac{\partial v_1}{\partial x_1} & \cdots & \dfrac{\partial v_1}{\partial x_d}\\ \vdots & & \vdots\\ \dfrac{\partial v_d}{\partial x_1} & \cdots & \dfrac{\partial v_d}{\partial x_d}\end{pmatrix},\mathrm{div}\boldsymbol{\tau}=\begin{pmatrix}\displaystyle\sum_{i=1}^{d}\dfrac{\partial\tau_{1i}}{\partial x_i}\\ \vdots\\ \displaystyle\sum_{i=1}^{d}\dfrac{\partial\tau_{di}}{\partial x_i}\end{pmatrix}$$

$\boldsymbol{v}$ 的应变张量 $\varepsilon(\boldsymbol{v})$, 定义为

$$\varepsilon(\boldsymbol{v})=\frac{1}{2}[\mathrm{grad}\boldsymbol{v}+(\mathrm{grad}\boldsymbol{v})']$$

令 $Q\in R^d(d=2$ 或 $3)$ 是有界凸区域,X 是有限维空间。空间 $H^k(Q,X)$ 定义在 Q 上，其值域在空间 X 中，且此空间中函数的 k 阶导数是平方可积的. $H^k(Q,X)$ 空间中的模和半模定义为 $\|\cdot\|_{k,Q}$ 和 $|\cdot|_{k,Q}$. $\mathbb{S}$ 是 $d\times d$ 的对称张量空间. 空间 $H(\mathrm{div},Q;\mathbb{S})$ 由平方可积和散度平方可积的函数矩阵构成. 定义此空间的范数为 $\|\cdot\|_{H(\mathrm{div},Q)}$，且 $\|\boldsymbol{\tau}\|^2_{H(\mathrm{div},Q)}=\|\boldsymbol{\tau}\|^2_{0,Q}+\|\mathrm{div}\boldsymbol{\tau}\|^2_{0,Q}$. 对 Ω 进行正则剖分 Γ_h. 即 h 和单元内接球的直径比值有界，其单元的最大直径为 h 且 $h\to 0$. 令 T 是 Γ_h 的任一个单元(三角形时 $d=2$，四面体时 $d=3$)，a_i 是单元的顶点,$a_i(0\leqslant i\leqslant d)$ 的对面是 F_i，在二维单元上指所对应的边或三维单元指对应的面. 令 $\hat{T}$ 是参考单元且顶点坐标是 $\hat{\boldsymbol{a}}_0=0,\hat{\boldsymbol{a}}_i=\hat{e}_i$，边(面) $\hat{F}_i$ 所对顶点为 $\hat{a}_i$，$0\leqslant i\leqslant d$,其中 $\hat{e}_i=(0,\cdots,\overset{i}{1},\cdots,0)\in R^d$. $F_i(\hat{F}_i)$ 上的单位法向量定义为 $n_i(\hat{n}_i)$，$0\leqslant i\leqslant d$.

从 $\hat{T}$ 到 T 的仿射变换定义为

$$\boldsymbol{x}=B_T\hat{\boldsymbol{x}}+a_0 \tag{6-1}$$

其中,$\hat{a}_i\to a_i,0\leqslant i\leqslant d$,则

$$\widehat{\mathrm{grad}}=B_T\mathrm{grad},\hat{\boldsymbol{n}}_i=\mu_i^{-1}B'_T\boldsymbol{n}_i,\mu_i=\|B'_T\boldsymbol{n}_i\|,0\leqslant i\leqslant d \tag{6-2}$$

其中 $\|\cdot\|$ 表示向量的范数. 式(6-2)的第一个等式显然成立，对于第二个等式若 $\boldsymbol{n}\cdot\overrightarrow{a_ja_j}=0$,则 $B'_T\boldsymbol{n}\cdot\overrightarrow{\hat{a}_i\hat{a}_j}=\boldsymbol{n}\cdot B_T\overrightarrow{\hat{a}_i\hat{a}_j}=\boldsymbol{n}\cdot\overrightarrow{a_ia_j}=0$. 定义在参考单元 $\hat{T}$ 的函数 $\hat{f}$，向量 $\hat{\boldsymbol{v}}$ 和对称矩阵 $\hat{\tau}$ 及定义在一般单元 T 上的 $f,\boldsymbol{v}$ 和 $\boldsymbol{\tau}$ 变换如下

$$f(\boldsymbol{x})=\hat{f}(\hat{\boldsymbol{x}}),\quad \boldsymbol{v}(\boldsymbol{x})=B_T\hat{\boldsymbol{v}}(\hat{\boldsymbol{x}}),\quad \tau(\boldsymbol{x})=B_T\hat{\tau}(\hat{\boldsymbol{x}})B'_T \tag{6-3}$$

后面两个等式是矩阵和向量的 Piola 变换. 则有

$$\begin{cases}\boldsymbol{v}\cdot\boldsymbol{q}=\hat{\boldsymbol{v}}\cdot B'_TB_T\hat{\boldsymbol{q}},\boldsymbol{\tau}\boldsymbol{n}_i\cdot\boldsymbol{q}=\hat{\boldsymbol{\tau}}\hat{\boldsymbol{n}}\cdot(\mu_iB'_TB_T\hat{\boldsymbol{q}})\\ \boldsymbol{\sigma}:\boldsymbol{\tau}=\hat{\boldsymbol{\sigma}}:\widetilde{B}_T\hat{\boldsymbol{\tau}}\widetilde{B}_T\end{cases} \tag{6-4}$$

其中,$\boldsymbol{\sigma}:\boldsymbol{\tau}=\sum\limits_{i=1}^{d}\sum\limits_{j=1}^{d}\sigma_{ij}\tau_{ij}$,定义矩阵 $\boldsymbol{\tau}$ 的 Frobenius 内积. $\widetilde{B}_T=(\boldsymbol{b}_i\cdot\boldsymbol{b}_j)_{d\times d}$,

$\boldsymbol{b}_1,\cdots,\boldsymbol{b}_d$ 是 B_T 的列向量. 且有下面式子成立

$$\mathrm{div}\boldsymbol{\tau} = \boldsymbol{\tau}\mathrm{grad} \xlongequal{(6\text{-}2)(6\text{-}3)} B_T\hat{\boldsymbol{\tau}}\hat{\mathrm{grad}} = B_T\hat{\mathrm{div}}\hat{\boldsymbol{\tau}} \tag{6-5}$$

下面证明式(6-4) 的最后一个等式. 以 $d=2$ 为例, 当 $d=3$ 时同理可得.

$$\begin{aligned}
\boldsymbol{\sigma} : \boldsymbol{\tau} &= B_T\hat{\boldsymbol{\sigma}}B'_T : B_T\hat{\boldsymbol{\tau}}B'_T \\
&= \begin{pmatrix} b_{11} & b_{12} \\ b_{21} & b_{22} \end{pmatrix}\begin{pmatrix} \hat{\sigma}_{11} & \hat{\sigma}_{12} \\ \hat{\sigma}_{21} & \hat{\sigma}_{22} \end{pmatrix}\begin{pmatrix} b_{11} & b_{21} \\ b_{12} & b_{22} \end{pmatrix} : \begin{pmatrix} b_{11} & b_{12} \\ b_{21} & b_{22} \end{pmatrix}\begin{pmatrix} \hat{\tau}_{11} & \hat{\tau}_{12} \\ \hat{\tau}_{21} & \hat{\tau}_{22} \end{pmatrix}\begin{pmatrix} b_{11} & b_{21} \\ b_{12} & b_{22} \end{pmatrix} \\
&= [(b_{11}\hat{\sigma}_{11} + b_{12}\hat{\sigma}_{21})b_{11} + (b_{11}\hat{\sigma}_{12} + b_{12}\hat{\sigma}_{22})b_{12}] \cdot \\
&\quad [(b_{11}\hat{\tau}_{11} + b_{12}\hat{\tau}_{21})b_{11} + (b_{11}\hat{\tau}_{12} + b_{12}\hat{\tau}_{22})b_{12}] \\
&\quad + [(b_{11}\hat{\sigma}_{11} + b_{12}\hat{\sigma}_{21})b_{21} + (b_{11}\hat{\sigma}_{12} + b_{12}\hat{\sigma}_{22})b_{22}] \cdot \\
&\quad [(b_{11}\hat{\tau}_{11} + b_{12}\hat{\tau}_{21})b_{21} + (b_{11}\hat{\tau}_{12} + b_{12}\hat{\tau}_{22})b_{22}] \\
&\quad + [(b_{21}\hat{\sigma}_{11} + b_{22}\hat{\sigma}_{21})b_{11} + (b_{21}\hat{\sigma}_{12} + b_{22}\hat{\sigma}_{22})b_{12}] \cdot \\
&\quad [(b_{21}\hat{\tau}_{11} + b_{22}\hat{\tau}_{21})b_{11} + (b_{21}\hat{\tau}_{12} + b_{22}\hat{\tau}_{22})b_{12}] \\
&\quad + [(b_{21}\hat{\sigma}_{11} + b_{22}\hat{\sigma}_{21})b_{21} + (b_{21}\hat{\sigma}_{12} + b_{22}\hat{\sigma}_{22})b_{22}] \cdot \\
&\quad [(b_{21}\hat{\tau}_{11} + b_{22}\hat{\tau}_{21})b_{21} + (b_{21}\hat{\tau}_{12} + b_{22}\hat{\tau}_{22})b_{22}] \\
&= \hat{\boldsymbol{\sigma}} : \begin{pmatrix} A_{11} & A_{12} \\ A_{21} & A_{22} \end{pmatrix} \\
&= \hat{\boldsymbol{\sigma}} : \begin{pmatrix} b_{11}^2 + b_{21}^2 & b_{12}b_{11} + b_{21}b_{22} \\ b_{12}b_{11} + b_{21}b_{22} & b_{12}^2 + b_{22}^2 \end{pmatrix}\begin{pmatrix} \hat{\tau}_{11} & \hat{\tau}_{12} \\ \hat{\tau}_{21} & \hat{\tau}_{22} \end{pmatrix} \cdot \\
&\quad \begin{pmatrix} b_{11}^2 + b_{21}^2 & b_{12}b_{11} + b_{21}b_{22} \\ b_{12}b_{11} + b_{21}b_{22} & b_{12}^2 + b_{22}^2 \end{pmatrix} \\
&= \hat{\boldsymbol{\sigma}} : \widetilde{B}_T\hat{\boldsymbol{\tau}}\widetilde{B}_T
\end{aligned}$$

其中

$$A_{11}=(b_{11}^2+b_{21}^2)[(b_{11}^2+b_{21}^2)\tau_{11}+(b_{12}b_{11}+b_{21}b_{22})\tau_{21}]+$$
$$(b_{12}b_{11}+b_{21}b_{22})[(b_{11}^2+b_{21}^2)\tau_{12}+(b_{12}b_{11}+b_{21}b_{22})\tau_{22}],$$
$$A_{12}=(b_{12}^2+b_{22}^2)[(b_{11}^2+b_{21}^2)\tau_{12}+(b_{11}b_{12}+b_{21}b_{22})\tau_{22}]+$$
$$(b_{12}b_{11}+b_{21}b_{22})[(b_{11}^2+b_{21}^2)\tau_{11}+(b_{12}b_{11}+b_{21}b_{22})\tau_{21}],$$
$$A_{12}=A_{21};$$
$$A_{22}=(b_{12}b_{11}+b_{21}b_{22})[(b_{11}b_{12}+b_{21}b_{22})\tau_{12}+(b_{12}^2+b_{22}^2)\tau_{22}]+$$
$$(b_{12}^2+b_{22}^2)[(b_{12}b_{11}+b_{21}b_{22})\tau_{12}+(b_{12}^2+b_{22}^2)\tau_{22}].$$

§ 6.1　线弹性问题和有限元逼近

考虑线弹性问题：

$$\begin{cases}\mathrm{div}\boldsymbol{\sigma}=\boldsymbol{f}, & \text{in } \Omega,\\ \boldsymbol{A\sigma}-\varepsilon(\boldsymbol{u})=0, & \text{in } \Omega,\\ \boldsymbol{u}=0, & \text{on } \partial\Omega.\end{cases}\tag{6-6}$$

其中，位移 $\boldsymbol{u}:\Omega\to\mathbb{R}^d$ 是向量值函数，应力定义为 $\boldsymbol{\sigma}:\Omega\to\mathbb{S}$. 假设柔性张量 $\boldsymbol{A}(x)$ 是对称，正定矩阵，且在 Ω 上有界，右端 $\boldsymbol{f}:\Omega\to\mathbb{R}^d$ 是荷载向量. 由全椭圆正则性[79,80]，式(6-6)的解满足下式.

$$\|\boldsymbol{\sigma}\|_{1,\Omega}+\|\boldsymbol{u}\|_{2,\Omega}\leqslant c\|\boldsymbol{f}\|_{0,\Omega},\quad \forall \boldsymbol{f}\in L^2(\Omega,\mathbb{R}^d)\tag{6-7}$$

式中，c 表示与 h 无关的正常数，h 在不同式子中的值可能不同，若 Ω 是光滑的凸多面体($d=3$)或凸多边形($d=2$)，且柔性张量 $\boldsymbol{A}$ 是光滑的，全椭圆正则性成立[79,80].

在 Hellinger-Reissner 变分形式下求 $(\boldsymbol{\sigma},\boldsymbol{u})\in H(\mathrm{div},\Omega,\mathbb{S})\times L^2(\Omega,\mathbb{R}^d)$ 满足

$$\begin{cases}(\boldsymbol{A\sigma},\boldsymbol{\tau})+(\mathrm{div}\boldsymbol{\tau},\boldsymbol{u})=0, & \forall \boldsymbol{\tau}\in H(\mathrm{div},\Omega,\mathbb{S}),\\ (\mathrm{div}\boldsymbol{\sigma},\boldsymbol{v})=(\boldsymbol{f},\boldsymbol{v}), & \forall \boldsymbol{v}\in L^2(\Omega,\mathbb{R}^d),\end{cases}\tag{6-8}$$

其中，$(\boldsymbol{A\sigma},\boldsymbol{\tau})=\int_\Omega \boldsymbol{A\sigma}:\boldsymbol{\tau}\mathrm{d}x$，$(\boldsymbol{u},\boldsymbol{v})=\int_\Omega \boldsymbol{u}\cdot\boldsymbol{v}\mathrm{d}x$.

方程的解 $\boldsymbol{u}$ 是 Dirichlet 问题的解，且属于 $H_0^1(\Omega,R^d)=\{\boldsymbol{v}\in H^1(\Omega,$

$\mathbb{R}^d);\boldsymbol{v}|_{\partial\Omega}=0\}$[57].

假设有限元空间$\Sigma_h\subset L^2(\Omega,\mathbb{S})$和$V_h\subset L^2(\Omega,\mathbb{R}^d)$，由矩阵空间和向量空间构成，且此空间内的分片多项式定义在Γ_h上. 定义$\mathrm{div}_h\boldsymbol{\tau}\in L^2(\Omega,\mathbb{R}^d)$且相应的散度算子按行分片定义，则式(6-8)的混合有限元逼近形式为：求$(\boldsymbol{\sigma}_h,\boldsymbol{u}_h)\in\Sigma_h\times V_h$满足

$$\begin{cases}(\boldsymbol{A\sigma}_h,\boldsymbol{\tau}_h)+(\mathrm{div}_h\boldsymbol{\tau}_h,\boldsymbol{u}_h)=0, & \forall\boldsymbol{\tau}_h\in\Sigma_h,\\(\mathrm{div}_h\boldsymbol{\sigma}_h,\boldsymbol{v}_h)=(f,\boldsymbol{v}_h), & \forall\boldsymbol{v}_h\in\boldsymbol{V}_h\end{cases}\tag{6-9}$$

其中，$(\mathrm{div}_h\boldsymbol{\tau}_h,\boldsymbol{v}_h)=\sum_T\int_T\mathrm{div}\boldsymbol{\tau}_h\cdot\boldsymbol{v}_h\mathrm{d}x.$

协调元方法中的应力有限元空间$\Sigma_h\subset H(\mathrm{div},\Omega,\mathbb{S})$，且应力的法向分量$\boldsymbol{\tau n}$跨过单元边界的跳跃值$[\boldsymbol{\tau n}]$是零. 若$\Sigma_h\not\subset H(\mathrm{div},\Omega,\mathbb{S})$是非协调元，即本书将要介绍的内容.

接下来给出关于非协调元的收敛定理.

定理 6.1.1 若Σ_h和V_h满足

$$(1)\ \mathrm{div}_h\sum_h\subset V_h\tag{6-10}$$

$$(2)\ \mathrm{div}_h\Pi_h\boldsymbol{\tau}=P_h\mathrm{div}\boldsymbol{\tau}\ \text{且}\ \|\Pi_h\boldsymbol{\tau}\|_{0,\Omega}\leqslant c\|\boldsymbol{\tau}\|_{1,\Omega}\tag{6-11}$$

其中，$\Pi_h:H^1(\Omega;\mathbb{S})\to\Sigma_h$是有限元插值算子，$P_h:L^2(\Omega;\mathbb{R}^d)\to V_h$是$L^2$-投影算子.

$$(3)\ \sum_T\int_{\partial T}\boldsymbol{\tau}_h\boldsymbol{n}\cdot\boldsymbol{v}_h\mathrm{d}s=0,\forall\boldsymbol{\tau}_h\in\Sigma_h,\forall\boldsymbol{v}_h\in W_l\tag{6-12}$$

其中，$W_l\triangleq\{\boldsymbol{v}_h\in C^0(\overline{\Omega})^d;\boldsymbol{v}_h|_T\in P_l(T)^d,\forall T\in\Gamma_h,\boldsymbol{v}_h|_{\partial\Omega}=0\}\subset V_h$，且$P_l(T)$是次数为$l$的多项式空间.

则离散问题式(6-9)有唯一解，并有下列误差估计：

$$\|\boldsymbol{\sigma}-\boldsymbol{\sigma}_h\|_{0,\Omega}\leqslant c(\|\boldsymbol{\sigma}-\Pi_h\boldsymbol{\sigma}\|_{0,\Omega}+|\boldsymbol{u}-I_l\boldsymbol{u}|_{1,\Omega}),\tag{6-13}$$

其中，I_l是W_l上通常的C^0-Lagrange插值算子.

$$\|\mathrm{div}\boldsymbol{\sigma}-\mathrm{div}_h\boldsymbol{\sigma}_h\|_{0,\Omega}\leqslant c(\|\mathrm{div}\boldsymbol{\sigma}-P_h\mathrm{div}\boldsymbol{\sigma}\|_{0,\Omega})\tag{6-14}$$

$$\|\boldsymbol{u}-\boldsymbol{u}_h\|_{0,\Omega}\leqslant c(\|\boldsymbol{\sigma}-\Pi_h\boldsymbol{\sigma}\|_{0,\Omega}+|\boldsymbol{u}-I_l\boldsymbol{u}|_{1,\Omega}+\|u-P_hu\|_{0,\Omega})\tag{6-15}$$

若全椭圆正则性成立，则有

$$\|u-u_h\|_{0,\Omega}\leqslant c\{h(\|\sigma-\Pi_h\sigma\|_{0,\Omega}+|u-I_lu|_{1,\Omega}+\|u-P_hu\|_{0,\Omega})\}. \tag{6-16}$$

证明:定义 $Z_h=\{\tau_h\in\Sigma_h;(\mathrm{div}_h\tau_h,v_h)=0,\forall v_h\in V_h\}$. 由式(6-10)有

$$Z_h=\{\tau_h\in\sum{}_h;\mathrm{div}_h\tau_h=0\}$$

则

$$(A\tau_h.\tau_h)\geqslant c\|\tau_h\|_{0,\Omega}^2=c\|\tau_h\|_{H(\mathrm{div},\Omega)}^2,\forall\tau_h\in Z_h. \tag{6-17}$$

由文献[14]知对 $\forall v_h\in V_h\subset L^2(\Omega,R^d)$,存在 $\tau\in H^1(\Omega;\mathbb{S})$ 满足

$$\mathrm{div}\tau=v_h,\ \|\tau\|_{1,\Omega}\leqslant c\|v_h\|_{0,\Omega}$$

则

$$\mathrm{div}_h\Pi_h\tau\overset{(6\text{-}11)}{=\!=\!=}P_h\mathrm{div}\tau=P_hv_h=v_h.$$

$$\|\Pi_h\tau\|_{H(\mathrm{div},\Omega)}=(\|\Pi_h\tau\|_{0,\Omega}^2+\|\mathrm{div}_h\Pi_h\tau\|_{0,\Omega}^2)^{\frac{1}{2}}\overset{(6\text{-}11)}{\leqslant}$$

$$c(\|\tau\|_{1,\Omega}^2+\|v_h\|_{0,\Omega}^2)^{\frac{1}{2}}\leqslant c\|v_h\|_{0,\Omega},$$

$$\sup_{\forall\tau_h\in\sum_h}\frac{(\mathrm{div}_h\tau_h,v_h)}{\|\tau_h\|_{H(\mathrm{div},\Omega)}}\geqslant\frac{(\mathrm{div}\Pi_h\tau,v_h)}{\|\Pi_h\tau\|_{H(\mathrm{div},\Omega)}}\geqslant\frac{1}{c}\|v_h\|_{0,\Omega}, \tag{6-18}$$

由式(6-17)、式(6-18)和尺度变换理论[14],离散问题(6-9)有唯一解.

接下来推导误差估计, 由

$$\begin{aligned}(A\sigma,\tau_h)+(\mathrm{div}_h\tau_h,u)&=\int_\Omega A\sigma:\tau_h\mathrm{d}x+\sum_T\int_T\mathrm{div}\tau_h\cdot u\mathrm{d}x\\&=\int_\Omega A\sigma:\tau_h\mathrm{d}x+\sum_T\left(\int_{\partial T}\tau_hn\cdot u\mathrm{d}s-\int_T\varepsilon(u):\tau_h\mathrm{d}x\right)\\&\overset{(6\text{-}6)}{=\!=\!=}\sum_T\int_{\partial T}\tau_hn\cdot u\mathrm{d}s,\forall\tau_h\in\Sigma_h.\end{aligned}$$

有下面误差方程:

$$(A(\sigma-\sigma_h),\tau_h)+(\mathrm{div}_h\tau_h,u-u_h)=\sum{}_T\int_{\partial T}\tau_hn\cdot u\mathrm{d}s,\forall\tau_h\in\Sigma_h, \tag{6-19}$$

$$(\mathrm{div}_h(\sigma-\sigma_h),v_h)=0,\forall v_h\in V_h. \tag{6-20}$$

由式(6-10)和

$$(\mathrm{div}_h(\Pi_h\sigma-\sigma_h),v_h)\overset{(6\text{-}11)}{=\!=\!=}(P_h\mathrm{div}\sigma-\mathrm{div}_h\sigma_h,v_h)$$

$$= (\operatorname{div}\sigma - \operatorname{div}_h \boldsymbol{\sigma}_h, \boldsymbol{v}_h) \xlongequal{(6\text{-}20)} 0, \forall \boldsymbol{v}_h \in V_h$$

有

$$\operatorname{div}_h(\Pi_h \boldsymbol{\sigma} - \boldsymbol{\sigma}_h) = 0. \tag{6-21}$$

$$\sum_T \int_{\partial T} \boldsymbol{\tau}_h \boldsymbol{n} \cdot \boldsymbol{u} \mathrm{d}s \xlongequal{(6\text{-}12)} \sum_T \int_{\partial T} \boldsymbol{\tau}_h \boldsymbol{n} \cdot (\boldsymbol{u} - I_l \boldsymbol{u}) \mathrm{d}s$$

$$= (\operatorname{div}_h \boldsymbol{\tau}_h, \boldsymbol{u} - I_l \boldsymbol{u}) - (\boldsymbol{\tau}_h, \boldsymbol{\varepsilon}(\boldsymbol{u} - I_l \boldsymbol{u}))$$

$$\leqslant c(\|\operatorname{div}_h \boldsymbol{\tau}_h\|_{0,\Omega} \|\boldsymbol{u} - I_l \boldsymbol{u}\|_{0,\Omega} + \|\boldsymbol{\tau}_h\|_{0,\Omega} |\boldsymbol{u} - I_l \boldsymbol{u}|_{1,\Omega}), \forall \boldsymbol{\tau}_h \in \sum\nolimits_h. \tag{6-22}$$

则

$$(\boldsymbol{A}(\boldsymbol{\sigma} - \boldsymbol{\sigma}_h), \Pi_h \boldsymbol{\sigma} - \boldsymbol{\sigma}_h) \xlongequal{(6\text{-}19)、(6\text{-}21)} \sum_T \int_{\partial T} (\Pi_h \boldsymbol{\sigma} - \boldsymbol{\sigma}_h) \boldsymbol{n} \cdot \boldsymbol{u}$$

$$\overset{(6\text{-}21)(6\text{-}22)}{\leqslant} c \|\Pi_h \boldsymbol{\sigma} - \boldsymbol{\sigma}_h\|_{0,\Omega} |\boldsymbol{u} - I_l \boldsymbol{u}|_{1,\Omega}. \tag{6-23}$$

且

$$c \|\Pi_h \boldsymbol{\sigma} - \boldsymbol{\sigma}_h\|_{0,\Omega}^2 \leqslant (\boldsymbol{A}(\Pi_h \boldsymbol{\sigma} - \boldsymbol{\sigma}_h), \Pi_h \boldsymbol{\sigma} - \boldsymbol{\sigma}_h)$$

$$= (\boldsymbol{A}(\boldsymbol{\sigma} - \boldsymbol{\sigma}_h), \Pi_h \boldsymbol{\sigma} - \boldsymbol{\sigma}_h) - (\boldsymbol{A}(\boldsymbol{\sigma} - \Pi_h \boldsymbol{\sigma}), \Pi_h \boldsymbol{\sigma} - \boldsymbol{\sigma}_h)$$

$$\overset{(6\text{-}23)}{\leqslant} c \|\Pi_h \boldsymbol{\sigma} - \boldsymbol{\sigma}_h\|_{0,\Omega} (|\boldsymbol{u} - I_l \boldsymbol{u}|_{1,\Omega} + \|\boldsymbol{\sigma} - \Pi_h \boldsymbol{\sigma}\|_{0,\Omega}).$$

即有式(6-13). 由式(6-11)和式(6-21)得式(6-14).

对任意 $\boldsymbol{\tau}_h \in \sum_h$, 由 $\operatorname{div}_h \boldsymbol{\sigma}_h \in V_h$ 和算子 P_h 的定义, 有

$$(\operatorname{div}_h \boldsymbol{\tau}_h, P_h \boldsymbol{u} - \boldsymbol{u}_h) = (\operatorname{div}_h \boldsymbol{\tau}_h, \boldsymbol{u} - \boldsymbol{u}_h)$$

$$\xlongequal{(6\text{-}19)} \sum_T \int_{\partial T} \boldsymbol{\tau}_h \boldsymbol{n} \cdot \boldsymbol{u} \mathrm{d}s - (A(\boldsymbol{\sigma} - \boldsymbol{\sigma}_h), \boldsymbol{\tau}_h)$$

$$\xlongequal{(6\text{-}22)} c \|\boldsymbol{\tau}_h\|_{H(\operatorname{div},\Omega)} (|\boldsymbol{u} - I_l \boldsymbol{u}|_{1,\Omega} + \|\boldsymbol{\sigma} - \boldsymbol{\sigma}_h\|_{0,\Omega}).$$

则

$$c \|P_h \boldsymbol{u} - \boldsymbol{u}_h\| \overset{(6\text{-}18)}{\leqslant} \sup_{\forall \tau_h \in \sum_h} \frac{(\operatorname{div}_h \boldsymbol{\tau}_h, P_h \boldsymbol{u} - \boldsymbol{u}_h)}{\|\boldsymbol{\tau}_h\|_{H(\operatorname{div},\Omega,\mathbb{S})}} \leqslant c(|\boldsymbol{u} - I_l \boldsymbol{u}|_{1,\Omega} + \|\boldsymbol{\sigma} - \boldsymbol{\sigma}_h\|_{0,\Omega}).$$

由文献[44,61]即得式(6-15), 要证式(6-16)用到对偶技巧. 设对偶问题为: 求 $\psi \in H(\operatorname{div}, \Omega, \mathbb{S})$ 和 $\varphi \in H^1(\Omega, R^d)$ 满足

$$\begin{cases}\operatorname{div}\psi = \theta, & \text{in } \Omega,\\ A\psi - \varepsilon(\varphi) = 0, & \text{in } \Omega,\\ \varphi = 0, & \text{on } \partial\Omega.\end{cases} \tag{6-24}$$

由全椭圆正则性式(6-7) 有

$$\|\psi\|_{1,\Omega} + \|\varphi\|_{2,\Omega} \leqslant c\|\theta\|_{0,\Omega}, \forall\, \theta \in L^2(\Omega,\mathbb{R}^d). \tag{6-25}$$

首先推导下面两个准备结果. 由于

$$((\boldsymbol{\sigma}-\boldsymbol{\sigma}_h),\varepsilon(I_l\varphi)) = \sum_T \int_{\partial T}(\boldsymbol{\sigma}-\boldsymbol{\sigma}_h)\boldsymbol{n}\cdot I_l\varphi \mathrm{d}s - (\operatorname{div}_h(\boldsymbol{\sigma}-\boldsymbol{\sigma}_h),I_l\varphi) \xlongequal{(6\text{-}12)(6\text{-}20)} 0,$$

有

$$\begin{aligned}(A(\boldsymbol{\sigma}-\boldsymbol{\sigma}_h),\psi) &= (\boldsymbol{\sigma}-\boldsymbol{\sigma}_h,A\psi) \xlongequal{(6\text{-}24)} (\boldsymbol{\sigma}-\boldsymbol{\sigma}_h,\varepsilon(\varphi))\\ &= (\boldsymbol{\sigma}-\boldsymbol{\sigma}_h,\varepsilon(\varphi - I_l\varphi))\\ &\leqslant c\|\boldsymbol{\sigma}-\boldsymbol{\sigma}_h\|_{0,\Omega}|\varphi - I_l\varphi|_{1,\Omega} \leqslant ch\|\boldsymbol{\sigma}-\boldsymbol{\sigma}_h\|_{0,\Omega}|\theta|_{0,\Omega}.\end{aligned} \tag{6-26}$$

任意 $\boldsymbol{\theta}\in V_h$, $\operatorname{div}\psi \xlongequal{(6\text{-}24)} \boldsymbol{\theta} = P_h\boldsymbol{\theta} = P_h\operatorname{div}\psi \xlongequal{(6\text{-}11)} \operatorname{div}_h\Pi_h\psi$. 由 $\psi\in H^1(\Omega,\mathbb{S})$, $\boldsymbol{u}-I_l\boldsymbol{u}\in H_0^1(\Omega,\mathbb{R}^d)$得

$$\begin{aligned}\sum_T\int_{\partial T}\Pi_h\psi\boldsymbol{n}\cdot\boldsymbol{u}\mathrm{d}s &= \sum_T\int_{\partial T}\Pi_h\psi\boldsymbol{n}\cdot(\boldsymbol{u}-I_l\boldsymbol{u})\mathrm{d}s\\ &= \sum_T\int_{\partial T}(\Pi_h\psi-\psi)\boldsymbol{n}\cdot(\boldsymbol{u}-I_l\boldsymbol{u})\mathrm{d}s\\ &= -(\operatorname{div}_h(\Pi_h\psi-\psi),\boldsymbol{u}-I_l\boldsymbol{u}) + (\Pi_h\psi-\psi,\varepsilon(\boldsymbol{u}-I_l\boldsymbol{u}))\\ &= (\Pi_h\psi-\psi,\varepsilon(\boldsymbol{u}-I_l\boldsymbol{u}))\\ &\leqslant c\|\Pi_h\psi-\psi\|_{0,\Omega}|\boldsymbol{u}-I_l\boldsymbol{u}|_{1,\Omega} \overset{(6\text{-}25)}{\leqslant} ch\|\boldsymbol{\theta}\|_{0,\Omega}|\boldsymbol{u}-I_l\boldsymbol{u}|_{1,\Omega},\end{aligned} \tag{6-27}$$

取 $\boldsymbol{\theta}=P_h\boldsymbol{u}-\boldsymbol{u}_h\in V_h$, 由 P_h 的定义和式(6-25), 得

$$\begin{aligned}\|P_h\boldsymbol{u}-\boldsymbol{u}_h\|_{0,\Omega}^2 &= (P_h\boldsymbol{u}-\boldsymbol{u}_h,\boldsymbol{\theta}) \xlongequal{(6\text{-}24)} (P_h\boldsymbol{u}-\boldsymbol{u}_h,\operatorname{div}\psi)\\ &= (\boldsymbol{u}-\boldsymbol{u}_h,P_h\operatorname{div}\psi) \xlongequal{(6\text{-}11)} (\boldsymbol{u}-\boldsymbol{u}_h,\operatorname{div}_h\Pi_h\psi)\\ &\xlongequal{(6\text{-}19)} \sum_T\int_{\partial T}\Pi_h\psi\boldsymbol{n}\cdot\boldsymbol{u}\mathrm{d}s - (\boldsymbol{A}(\boldsymbol{\sigma}-\boldsymbol{\sigma}_h),\Pi_h\psi)\end{aligned}$$

$$= \sum_T \int_{\partial T} \Pi_h \psi \boldsymbol{n} \cdot \boldsymbol{u} \mathrm{d}s + (A(\boldsymbol{\sigma} - \boldsymbol{\sigma}_h), \psi - \Pi_h \psi) - (A(\boldsymbol{\sigma} - \boldsymbol{\sigma}_h), \psi)$$

$$\overset{(6\text{-}25)\sim(6\text{-}27)}{\leqslant} ch(\| \boldsymbol{\sigma} - \boldsymbol{\sigma}_h \|_{0,\Omega} + | \boldsymbol{u} - I_l \boldsymbol{u} |_{1,\Omega}) \| \boldsymbol{\theta} \|_{0,\Omega}.$$

得式(6-16). □

§ 6.2　四面体非协调单元

6.2.1　低阶单元 *Tet*−1

首先在参考单元上构造应力和位移的形函数空间,

$$\hat{T} = \hat{a}_0(0,0,0)\hat{a}_1(1,0,0)\hat{a}_2(0,1,0)\hat{a}_3(0,0,1).$$

令

$$\hat{Q}_i = P_1(\hat{T}) \oplus \hat{x}_i \widetilde{P}_1(\hat{T}), \quad 1 \leqslant i \leqslant 3,$$

其中, $\widetilde{P}_1(\hat{T}) = \mathrm{span}\{\hat{x}_1, \hat{x}_2, \hat{x}_3\}$. 应力形函数空间定义为

$$\hat{\Sigma}_1 = \{\hat{\boldsymbol{\tau}} = (\hat{\tau}_{ij})_{3\times 3}, \hat{\tau}_{ij} = \hat{\tau}_{ji}; \hat{\tau}_{ii} \in \hat{Q}_i, \hat{\tau}_{i,i+1} \in \hat{Q}_i, 1 \leqslant i \leqslant 3, \mathrm{mod}(3)\}. \tag{6-28}$$

显然, $P_1(\hat{T},\mathbb{S}) \subset \hat{\Sigma}_1 \subset P_2(\hat{T},\mathbb{S})$ 且 $\dim \hat{\Sigma}_1 = 6 \cdot 7 = 42$.

单元上自由度如下

$$\begin{cases} (\mathrm{I}) \displaystyle\int_{\hat{F}} \hat{\boldsymbol{\tau}} \hat{\boldsymbol{n}} \cdot \hat{\boldsymbol{q}} \mathrm{d}\hat{s}, \quad \hat{\boldsymbol{q}} \in P_1(\hat{F}, \mathbb{R}^3), \hat{F} \subset \partial \hat{T}, & (6\text{-}29) \\ (\mathrm{II}) \displaystyle\int_{\hat{T}} \hat{\boldsymbol{\tau}} \mathrm{d}\hat{x}. & (6\text{-}30) \end{cases}$$

引理 6.2.1　任意 $\hat{\boldsymbol{\tau}} \in \hat{\Sigma}_1$, 由单元自由度式(6-29)、式(6-30) 唯一确定.

证明:即证对任意 $\hat{\boldsymbol{\tau}} \in \hat{\Sigma}_1$, 当所有 $\hat{\boldsymbol{\tau}}$ 的自由度为零则有 $\hat{\boldsymbol{\tau}} = 0$. 令

$$P_k(\hat{x}_i, \hat{x}_j) = \mathrm{span}\{\hat{x}_i^a \hat{x}_j^\beta, a + \beta \leqslant k\}.$$

在面 $\hat{F}_i$, $\hat{x}_i = 0$, $\hat{\boldsymbol{n}}_i = e_i$, 由式(6-29)得

$$(\text{I})\int_{\hat{F}_i}\hat{\tau}_{ii}\Big|_{\hat{x}_i=0}\hat{q}_i\mathrm{d}\hat{s}=0,\quad \hat{q}_i\in P_1(\hat{F}_i),1\leqslant i\leqslant 3,\tag{6-31}$$

$$(\text{II})\int_{\hat{F}_1}\hat{\tau}_{12}\Big|_{\hat{x}_1=0}\hat{q}_1\mathrm{d}\hat{s}=0,\int_{\hat{F}_2}\hat{\tau}_{12}\Big|_{\hat{x}_2=0}\hat{q}_2\mathrm{d}\hat{s}=0,\hat{q}_i\in P_1(\hat{F}_i),i=1,2,\tag{6-32}$$

$$(\text{III})\int_{\hat{F}_2}\hat{\tau}_{23}\Big|_{\hat{x}_2=0}\hat{q}_2\mathrm{d}\hat{s}=0,\int_{\hat{F}_3}\hat{\tau}_{23}\Big|_{\hat{x}_3=0}\hat{q}_3\mathrm{d}\hat{s}=0,\hat{q}_i\in P_1(\hat{F}_i),i=2,3,\tag{6-33}$$

$$(\text{IV})\int_{\hat{F}_3}\hat{\tau}_{31}\Big|_{\hat{x}_3=0}\hat{q}_3\mathrm{d}\hat{s}=0,\int_{\hat{F}_3}\hat{\tau}_{31}\Big|_{\hat{x}_1=0}\hat{q}_1\mathrm{d}\hat{s}=0,\hat{q}_i\in P_1(\hat{F}_i),i=3,1.\tag{6-34}$$

代入式(6-28)得

$$\hat{\tau}_{11}=p_1(\hat{x}_2,\hat{x}_3)+\hat{x}_1q_1(\hat{x}_1,\hat{x}_2,\hat{x}_3),$$
$$p_1(\hat{x}_2,\hat{x}_3)\in P_1(\hat{x}_2,\hat{x}_3)\quad q_1(\hat{x}_1,\hat{x}_2,\hat{x}_3)\in P_1(\hat{T}),$$

代入式(6-31)得 $p_1(\hat{x}_2,\hat{x}_3)=0$. 类似方法对于 $\hat{\tau}_{22},\hat{\tau}_{33}$,得

$$\hat{\tau}_{ii}=\hat{x}_i\hat{q}_i,\quad \hat{q}_i\in P_1(\hat{T}),\quad 1\leqslant i\leqslant 3\tag{6-35}$$

由式(6-32)的第一个等式得 $\hat{\tau}_{12}=\hat{x}_1\hat{p}_1(\hat{x}_1,\hat{x}_2,\hat{x}_3)$. 由(6-32)的第二个等式,有 $\hat{\tau}_{12}=c\hat{x}_1\hat{x}_2$ 类似方法, 对于 $\hat{\tau}_{23},\hat{\tau}_{31}$,由式(6-33)、式(6-34)得

$$\hat{\tau}_{i,i+1}=c_i\hat{x}_i\hat{x}_{i+1},1\leqslant i\leqslant 3,\mathrm{mod}(3).$$

然后由式(6-30)得

$$\hat{\tau}_{12}=\hat{\tau}_{23}=\hat{\tau}_{31}=0,\tag{6-36}$$

$$\int_{\hat{T}}(\mathrm{div}\hat{\boldsymbol{\tau}})\cdot(\mathrm{div}\hat{\boldsymbol{\tau}})\mathrm{d}x=\int_{\partial\hat{T}}\hat{\boldsymbol{\tau}}\hat{\boldsymbol{n}}\cdot\mathrm{div}\hat{\boldsymbol{\tau}}\mathrm{d}s-\int_{\hat{T}}\hat{\boldsymbol{\tau}}:\varepsilon(\mathrm{div}\hat{\boldsymbol{\tau}})\mathrm{d}x\xlongequal{(6\text{-}29)(6\text{-}30)}0.$$

因此有

$$\mathrm{div}\hat{\boldsymbol{\tau}}=0.\tag{6-37}$$

由式(6-36) 得

$$\frac{\partial\hat{\tau}_{ii}}{\partial\hat{x}_i}=0,\quad 1\leqslant i\leqslant 3.$$

由式(6-35)可得

$$\frac{\partial\hat{\boldsymbol{\tau}}_{ii}}{\partial\hat{x}_i}=q_i(\hat{x}_1,\hat{x}_2,\hat{x}_3)+\hat{x}_i\frac{\partial q_i}{\partial\hat{x}_i},$$

由式(6-37) 知在面 $\hat{x}_i=0$ 上有 $q_i(\hat{x}_1,\hat{x}_2,\hat{x}_3)=0$, 从而由式(6-36) 得

$$\hat{\boldsymbol{\tau}}_{ii}=0,1\leqslant i\leqslant 3.\qquad\square$$

设插值算子 $\hat{\Pi}_1:H^1(\hat{T},\mathbb{S})\to\hat{\Sigma}_1$,满足:

$$\begin{cases}(\text{I})\int_{\hat{F}}(\hat{\tau}-\hat{\Pi}_1\hat{\boldsymbol{\tau}})\hat{\boldsymbol{n}}\cdot\hat{\boldsymbol{q}}\mathrm{d}\hat{s}=0,\hat{\boldsymbol{q}}\in P_1(\hat{F},\mathbb{R}^3),\hat{F}\subset\partial\hat{T},\\(\text{II})\int_{\hat{T}}(\hat{\tau}-\hat{\Pi}_1\hat{\boldsymbol{\tau}})\mathrm{d}\hat{x}=0.\end{cases}\tag{6-38}$$

位移形函数空间定义为

$$\hat{V}_1=P_1(\hat{T},\mathbb{R}^3)\tag{6-39}$$

此空间自由度取为

$$\int_{\hat{T}}\hat{\boldsymbol{v}}\cdot\hat{\boldsymbol{p}}\mathrm{d}\hat{x},\quad\hat{\boldsymbol{p}}\in P_1(\hat{T},\mathbb{R}^3).\tag{6-40}$$

令 $\hat{P}_1:L_2(\hat{T},R^3)\to\hat{V}_1$ 是 L^2-投影算子, 则

$$\int_{\hat{T}}(\hat{\boldsymbol{v}}-\hat{P}_1\hat{\boldsymbol{v}})\cdot\hat{\boldsymbol{p}}\mathrm{d}\hat{x}=0,\quad\hat{\boldsymbol{p}}\in P_1(\hat{T},R^3).\tag{6-41}$$

在一般单元 T 上, 定义应力和位移形函数空间, 由式(6-1)得,

$$\sum\nolimits_{T1}=B_T\hat{\sum}\nolimits_1B'_T,V_{T1}=B_T\hat{V}_1,\tag{6-42}$$

显然

$$P_1(T,\mathbb{S})\subset\sum\nolimits_{T1}\subset P_2(T,\mathbb{S}),V_{T1}=P_1(T,\mathbb{R}^3)$$

相应空间自由度分别定义如下

$$\begin{cases}(\text{I})\int_F\boldsymbol{\tau n}\cdot\boldsymbol{q}\mathrm{d}s,\quad q\in P_1(T,\mathbb{S}),F\subset\partial T&(6\text{-}43)\\(\text{II})\int_T\boldsymbol{\tau}\mathrm{d}x.&(6\text{-}44)\end{cases}$$

且

$$\int_T \boldsymbol{v}\cdot\boldsymbol{p}\mathrm{d}x,\quad \boldsymbol{p}\in P_1(T,\mathbb{R}^3) \tag{6-45}$$

显然,由式(6-43)、式(6-44)定义的空间 $\dim\Sigma_{T1}$ 的自由度数量共有 42 个.

引理 6.2.2　任意 $\boldsymbol{\tau}\in\Sigma_{T1}$,由式(6-43)、式(6-44)定义的自由度唯一确定.

证明:设 $\boldsymbol{\tau}\in\Sigma_{T1}$,若式(6-43)定义的 $\boldsymbol{\tau}$ 自由度均为零, 则

$$\hat{\boldsymbol{\tau}}(\hat{x})\overset{(6\text{-}3)}{=\!=\!=}B_T^{-1}\boldsymbol{\tau}(x)(B_T^{-1})'\overset{(6\text{-}42)}{\in}\hat{\Sigma},$$

且由式(6-4)、式(6-43)、式(6-44)得

$$\begin{cases}(\mathrm{I})\int_{\hat{F}}\hat{\boldsymbol{\tau}}\hat{\boldsymbol{n}}\cdot\hat{\boldsymbol{q}}\mathrm{d}\hat{s}=0,\quad \hat{q}\in P_1(\hat{F},\mathbb{R}^3),\hat{F}\subset\partial\hat{T},\\ (\mathrm{II})\int_{\hat{T}}\hat{\tau}\mathrm{d}\hat{x}=0.\end{cases} \tag{6-46}$$

由引理 6.2.1 得 $\hat{\boldsymbol{\tau}}=0$,则 $\boldsymbol{\tau}=0$. □

插值算子 $\Pi_{T1}:H^1(T,\mathbb{S})\to\Sigma_{T1}$ 和 $P_{T1}:L^2(T,\mathbb{R}^3)\to V_{T1}$ 分别定义如下

$$\begin{cases}(\mathrm{I})\int_F(\boldsymbol{\tau}-\Pi_{T1}\boldsymbol{\tau})\boldsymbol{n}\cdot\boldsymbol{q}\mathrm{d}s=0,\quad q\in P_1(F,\mathbb{R}^3),F\subset\partial\hat{T},\\ (\mathrm{II})\int_T(\boldsymbol{\tau}-\Pi_{T1}\boldsymbol{\tau})\mathrm{d}x=0.\end{cases}$$

和

$$\int_T(\boldsymbol{v}-P_{T1}\boldsymbol{v})\cdot\boldsymbol{p}\mathrm{d}x=0,\quad p\in P_1(T,\mathbb{R}^3), \tag{6-47}$$

引理 6.2.3　插值算子 Π_{T1} 和 $\hat{\Pi}_1$,P_{T1} 和 $\hat{P}_1$ 分别仿射等价, 即为

$$\Pi_{T1}\boldsymbol{\tau}(x)=B_T\hat{\Pi}_1\hat{\boldsymbol{\tau}}(\hat{x})B'_T,P_{T1}\boldsymbol{v}(x)=B_T\hat{P}_1\hat{\boldsymbol{v}}(\hat{x}), \tag{6-48}$$

证明:令 $s=\Pi_1\tau$,任意 $\boldsymbol{q}\in P_1(T,R^3)$,

$$0\overset{(6\text{-}46)}{=\!=\!=}\int_F(\boldsymbol{\tau}-\boldsymbol{s})\boldsymbol{n}\cdot\boldsymbol{q}\mathrm{d}s\overset{(6\text{-}3)}{=\!=\!=}\frac{|F|}{|\hat{F}|}\int_{\hat{F}}(\hat{\boldsymbol{\tau}}-\hat{\boldsymbol{s}})\hat{\boldsymbol{n}}\cdot(\mu_F B'_T B_T\hat{\boldsymbol{q}})\mathrm{d}\hat{s}$$

$$\Rightarrow\int_{\hat{F}}(\hat{\boldsymbol{\tau}}-\hat{\boldsymbol{s}})\hat{\boldsymbol{n}}\cdot\hat{\boldsymbol{p}}\mathrm{d}\hat{s}=0,\forall\hat{p}_1\in P_1(\hat{F},\mathbb{R}^3),\forall\hat{F}\subset\partial\hat{T}.$$

$$0 \xlongequal{(6\text{-}46)} \int_T (\boldsymbol{\tau} - \boldsymbol{s})\,\mathrm{d}x \xlongequal{(6\text{-}3)} \det B_T \int_{\hat{T}} B_T(\hat{\boldsymbol{\tau}} - \hat{\boldsymbol{s}}) B'_T \mathrm{d}\hat{x} \Rightarrow \int_{\hat{T}} (\hat{\boldsymbol{\tau}} - \hat{\boldsymbol{s}})\,\mathrm{d}\hat{x} = 0.$$

因为 $\hat{\boldsymbol{s}} = B^{-1}\Pi_1\boldsymbol{\tau}(B^{-1})' \overset{(6\text{-}42)}{\in} \hat{\Sigma}_1$，由式(6-38)得 $\hat{\boldsymbol{s}} = \hat{\Pi}_1\hat{\boldsymbol{\tau}}$，则

$$\Pi_{T1}\boldsymbol{\tau} = \boldsymbol{s} \xlongequal{(6\text{-}3)} B_T\hat{\boldsymbol{s}}B'_T = B_T\hat{\Pi}_1\hat{\boldsymbol{\tau}}B'_T.$$

且由式(6-3)、式(6-41)、式(6-47) 得 $P_{T1}\boldsymbol{v}(x) = B_T\hat{P}_1\hat{\boldsymbol{v}}(\hat{x})$

在剖分 Γ_h 上定义相应的有限元插值算子

$$\sum_{h1} = \{\boldsymbol{\tau}_h \in L^2(\Omega,\mathbb{S});\boldsymbol{\tau}_h|_T \in \sum_{T1}, \forall T \in \Gamma_h, \int_F [\boldsymbol{\tau}_h\boldsymbol{n}]\cdot\boldsymbol{q}\,\mathrm{d}s = 0,$$

$$\forall \boldsymbol{q} \in P_1(F,\mathbb{R}^3) \quad F \text{ 是 } \Gamma_h \text{ 的任意内部面}\}, \tag{6-49}$$

$$V_{h1} = \{\boldsymbol{v}_h \in L^2(\Omega,\mathbb{R}^3);\boldsymbol{v}_h|_T \in V_{T1}, \forall T \in \Gamma_h\} \tag{6-50}$$

设 $\Pi_{h1}: H^1(\Omega,\mathbb{S}) \to \Sigma_{h1}$，定义为 $\Pi_{h1}|_T = \Pi_{T1}, \forall T \in \Gamma_h$，

设 $P_{h1}: L^2(\Omega,\mathbb{R}^3) \to V_{h1}$，定义为 $P_{h1}|_T = P_{T1}, \forall T \in \Gamma_h$.

基于式(6-3)、式(6-48)的尺度变化和标准插值理论[71]，有：

$$\begin{cases} \|\boldsymbol{\tau} - \Pi_{h1}\boldsymbol{\tau}\|_{0,\Omega} \leqslant ch^m|\boldsymbol{\tau}|_{m,\Omega}, & m = 1,2, \\ \|\boldsymbol{v} - P_{h1}\boldsymbol{v}\|_{0,\Omega} \leqslant ch^m|\boldsymbol{v}|_{m,\Omega}, & m = 1,2, \\ |\boldsymbol{v} - I_1\boldsymbol{v}|_{1,\Omega} \leqslant ch|\boldsymbol{v}|_{2,\Omega}. \end{cases} \tag{6-51}$$

接下来我们逐一核对定理 6. 1. 1 的条件.

(1) 显然，$\mathrm{div}_h\Sigma_{h1} \subset V_{h1}$，

(2) $\|\Pi_{h1}\boldsymbol{\tau}\|_{0,T} \overset{(6\text{-}43)}{\leqslant} c(\det B)^{\frac{1}{2}} \|B\hat{\Pi}_1\hat{\boldsymbol{\tau}}B'\|_{0,\hat{T}} \overset{(6\text{-}29)(6\text{-}30)}{\leqslant} c(\det B)^{\frac{1}{2}}$

$\|B_T\|^2\|\hat{\boldsymbol{\tau}}\|_{1,\hat{T}} \overset{(6\text{-}3)}{\leqslant} c\|\boldsymbol{\tau}\|_{1,T}.$

任给 $\boldsymbol{v}_h \in V_h$，

$$\int_\Omega \mathrm{div}_h\Pi_{h1}\boldsymbol{\tau}\cdot\boldsymbol{v}_h\mathrm{d}x = \sum_T \left(\int_{\partial T}\Pi_{h1}\boldsymbol{\tau}\boldsymbol{n}\cdot\boldsymbol{v}_h\mathrm{d}s - \int_T \Pi_{h1}\boldsymbol{\tau}:\varepsilon(\boldsymbol{v}_h)\mathrm{d}x\right)$$

$$\xlongequal{(6\text{-}46)} \sum_T \left(\int_{\partial T}\boldsymbol{\tau}\boldsymbol{n}\cdot\boldsymbol{v}_h\mathrm{d}s - \int_T \boldsymbol{\tau}:\varepsilon(\boldsymbol{v}_h)\mathrm{d}x\right) = \int_\Omega \mathrm{div}\boldsymbol{\tau}\cdot\boldsymbol{v}_h\mathrm{d}x,$$

因此

$$\mathrm{div}_h\Pi_{h1}\boldsymbol{\tau} = P_h\mathrm{div}\boldsymbol{\tau}$$

(3) 由式(6-43) 得式(6-12)，当 $l=1$ 成立.

因此定理 6.1.1 成立,然后由定理 6.1.1 和式(6-51) 得定理 6.2.1 的结果.

定理 6.2.1　对于低阶四面体单元 *Tet*-1，离散问题式(6-9)有唯一解和误差估计：

$$\|\boldsymbol{\sigma}-\boldsymbol{\sigma}_h\|_{0,\Omega}+\|\boldsymbol{u}-\boldsymbol{u}_h\|_{0,\Omega}\leqslant ch(|\boldsymbol{\sigma}|_{1,\Omega}+|\boldsymbol{u}|_{2,\Omega}),$$

$$\|\mathrm{div}\boldsymbol{\sigma}-\mathrm{div}_h\boldsymbol{\sigma}_h\|_{0,\Omega}\leqslant ch^l|\mathrm{div}\boldsymbol{\sigma}|_{l,\Omega},\quad l=1,2$$

若全椭圆性成立，则有

$$\|\boldsymbol{u}-\boldsymbol{u}_h\|_{0,\Omega}\leqslant ch^2(|\boldsymbol{\sigma}|_{1,\Omega}+|\boldsymbol{u}|_{2,\Omega}).$$

注 6.2.1　对比 Arnold 和 Winther 在文献[61]定义的非协调元，我们发现其自由度是相同的，但形函数空间定义不同,我们的取法更为简单，显式给出且仿射等价. 容易进行数值试验，并且能够直接推广到高阶单元.

6.2.2　高阶单元 *Tet*-*k*

在参考单元 $\hat{T}$ 上，令

$$\hat{Q}_{ki}=P_k(\hat{T})\oplus\hat{x}_i\widetilde{P}_k(\hat{T}),\quad 1\leqslant i\leqslant 3$$

其中,$\widetilde{P}_k(\hat{T})=\mathrm{span}\{\hat{x}_1^\alpha\hat{x}_2^\beta\hat{x}_3^\gamma,\alpha+\beta+\gamma=k\}$.

定义应力的形函数空间如下：

$$\hat{\sum}_k=\{\hat{\tau}=(\hat{\tau}_{ij})_{3\times3},\hat{\tau}_{ij}=\hat{\tau}_{ji};\hat{\tau}_{ii}\in\hat{Q}_{ki},\hat{\tau}_{i,i+1}\in\hat{Q}_{ki},1\leqslant i\leqslant 3,\mathrm{mod}(3)\}. \tag{6-52}$$

显然,$P_{\mathrm{k}}(\hat{T},\mathbb{S})\subset\hat{\sum}_k\subset P_{k+1}(\hat{T},\mathbb{S})$且

$$\begin{aligned}\dim\hat{\sum}_k&=6\times(2\dim P_k(\hat{T})-\dim P_{k-1}(\hat{T}))\\&=2(k+3)(k+2)(k+1)-(k+2)(k+1)k\\&=(k+6)(k+2)(k+1).\end{aligned}$$

单元上自由度定义为

$$\begin{cases}(\text{Ⅰ})\int_{\hat F}\hat{\boldsymbol{\tau}}\hat{\boldsymbol{n}}\cdot\hat{\boldsymbol{q}}\,\mathrm{d}\hat s,\hat{\boldsymbol{q}}\in P_k(\hat F,R^3),F\subset\partial\hat T & (6\text{-}53)\\ (\text{Ⅱ})\int_{\hat T}\hat{\boldsymbol{\tau}}:\hat{\boldsymbol{s}}\,\mathrm{d}\hat x,\hat{\boldsymbol{s}}\in P_{k-1}(\hat T,\mathbb{S}). & (6\text{-}54)\end{cases}$$

自由度数量为

$$3\cdot 4\cdot \dim P_k(\hat F)+6P_{k-1}(\hat T)=(k+6)(k+2)(k+1).$$

引理 6.2.4　任意 $\hat{\boldsymbol{\tau}}\in\hat{\Sigma}_k$ 由式(6-53)、式(6-54)定义的自由度唯一确定.

证明:只需证明当 $\hat\tau\in\Sigma_k$ 若 $\hat\tau$ 的所有自由度为零,则 $\hat{\boldsymbol{\tau}}=0$. 由引理 6.2.1 有

$$(\text{Ⅰ})\int_{\hat F_i}\hat\tau_{ii}\mid_{\hat x_i=0}\hat q_i\,\mathrm{d}\hat s=0,q_i\in P_k(\hat F_i),1\leqslant i\leqslant 3, \tag{6-55}$$

$$(\text{Ⅱ})\int_{\hat F_1}\hat\tau_{12}\mid_{\hat x_1=0}\hat q_1\,\mathrm{d}\hat s=0,\int_{\hat F_2}\hat\tau_{12}\mid_{\hat x_2=0}\hat q_2\,\mathrm{d}\hat s=0,q_i\in P_k(\hat F_i),i=1,2, \tag{6-56}$$

$$(\text{Ⅲ})\int_{\hat F_2}\hat\tau_{23}\mid_{\hat x_2=0}\hat q_2\,\mathrm{d}\hat s=0,\int_{\hat F_3}\hat\tau_{23}\mid_{\hat x_3=0}\hat q_3\,\mathrm{d}\hat s=0,q_i\in P_k(\hat F_i),i=2,3, \tag{6-57}$$

$$(\text{Ⅳ})\int_{\hat F_3}\hat\tau_{31}\mid_{\hat x_3=0}\hat q_3\,\mathrm{d}\hat s=0,\int_{\hat F_3}\hat\tau_{31}\mid_{\hat x_1=0}\hat q_1\,\mathrm{d}\hat s=0,q_i\in P_k(\hat F_i),i=3,1. \tag{6-58}$$

很容易得到

$$P_k(\hat F_i)=P_k(\hat x_{i-1},\hat x_{i+1}),1\leqslant i\leqslant 3.$$

$$P_k(\hat T)=P_k(\hat x_{i-1},\hat x_i)+\hat x_{i+1}P_{k-1}(\hat T),$$

$$\hat Q_{ki}=P_k(\hat T)\oplus\hat x_i\widetilde{P}_k(\hat T)=P_k(\hat x_{i-1},\hat x_{i+1})+\hat x_iP_k(\hat T), \tag{6-59}$$

且

$$\hat Q_{ki}=P_k(\hat x_{i-1},\hat x_{i+1})+\hat x_iP_k(\hat x_{i-1},\hat x_i)+\hat x_i\hat x_{i+1}P_{k-1}(\hat T). \tag{6-60}$$

由式(6-55)和式(6-59)，$\hat{\tau}_{ii}$有如下表达：

$$\hat{\tau}_{ii}=\hat{x}_i\hat{q}_i,\quad \hat{q}_i\in P_k(\hat{T}),\quad 1\leqslant i\leqslant 3.\tag{6-61}$$

由式(6-56)~式(6-58)和式(6-60)，$\hat{\tau}_{i,i+1}$有如下形式：

$$\hat{\tau}_{i,i+1}=\hat{x}_i\hat{x}_{i+1}\hat{p}_i,\quad \hat{p}_i\in P_{k-1}(\hat{T}),\quad 1\leqslant i\leqslant 3,\mathrm{mod}(3).\tag{6-62}$$

由式(6-54)和式(6-62)得

$$\hat{\tau}_{i,i+1}=0,\quad 1\leqslant i\leqslant 3,\mathrm{mod}(3).\tag{6-63}$$

同样由引理6.2.1，有

$$\mathrm{div}\hat{\boldsymbol{\tau}}=0.\tag{6-64}$$

由式(6-63)和式(6-64)有

$$\frac{\partial\hat{\tau}_{ii}}{\partial\hat{x}_i}=0,\quad 1\leqslant i\leqslant 3.$$

然后由式(6-61)得 $\hat{\tau}_{ii}=0,1\leqslant i\leqslant 3$. □

位移形函数空间和自由度分别定义如下：

$$\hat{V}_k=P_k(\hat{T},R^3),\ 且\int_{\hat{T}}\hat{\boldsymbol{v}}\cdot\hat{\boldsymbol{p}}\mathrm{d}\hat{x},\hat{\boldsymbol{p}}\in P_k(\hat{T},\mathbb{R}^3).\tag{6-65}$$

引入插值算子 $\hat{\Pi}_k:H^1(\hat{T},\mathbb{S})\to\hat{\Sigma}_k$ 和 $\hat{P}_k:L^2(\hat{T},\mathbb{R}^3)\to\hat{V}_k$ 满足

$$\begin{cases}(\mathrm{I})\int_{\hat{F}}(\hat{\boldsymbol{\tau}}-\hat{\Pi}_K\hat{\boldsymbol{\tau}})\hat{\boldsymbol{n}}\cdot\hat{\boldsymbol{q}}\mathrm{d}\hat{s}=0,\hat{\boldsymbol{q}}\in P_k(\hat{F},\mathbb{R}^3),\hat{F}\subset\partial\hat{T},\\(\mathrm{II})\int_{\hat{T}}(\hat{\boldsymbol{\tau}}-\hat{\Pi}_K\hat{\boldsymbol{\tau}}):\hat{\boldsymbol{s}}\mathrm{d}\hat{x}=0,\hat{\boldsymbol{s}}\in P_{k-1}(\hat{T},\mathbb{S}),\end{cases}$$

且

$$\int_{\hat{T}}(\hat{\boldsymbol{v}}-\hat{P}_k\hat{\boldsymbol{v}})\cdot\hat{\boldsymbol{q}}\mathrm{d}\hat{x},\quad \hat{\boldsymbol{q}}\in P_k(\hat{T},\mathbb{R}^3).$$

在一般单元 $\hat{T}$ 上，由 Piolar 变换定义应力和位移形函数空间 Σ_{Tk} 和 V_{Tk}，由式(6-1)知

$$\sum_{Tk}=B_T\hat{\sum}_k B'_T,\quad V_{Tk}=B_T\hat{\boldsymbol{V}}_k,\tag{6-66}$$

且应力和位移自由度分别定义如下：

$$\begin{cases}(\text{I})\int_F \boldsymbol{\tau n}\cdot \boldsymbol{q}\mathrm{d}s, \quad \boldsymbol{q}\in P_k(F,\mathbb{R}^3), F\subset \partial T,\\ (\text{II})\int_T \boldsymbol{\tau}:\boldsymbol{s}\mathrm{d}x, \quad \boldsymbol{s}\in P_{k-1}(T,\mathbb{S}),\end{cases} \tag{6-67}$$

和

$$\int_T \boldsymbol{v}\cdot \boldsymbol{q}\mathrm{d}x, \quad \boldsymbol{q}\in P_k(T,\mathbb{R}^3). \tag{6-68}$$

相应的插值 $\Pi_{Tk}:H^1(T,\mathbb{S})\to\sum_{Tk}$ 和 $P_{Tk}:L_2(T,\mathbb{R}^3)\to V_{Tk}$ 分别定义为

$$\begin{cases}(\text{I})\int_F (\boldsymbol{\tau}-\Pi_{Tk}\boldsymbol{\tau})\boldsymbol{n}\cdot \boldsymbol{q}\mathrm{d}s=0, \quad \boldsymbol{q}\in P_k(F,\mathbb{R}^3), F\subset \partial T,\\ (\text{II})\int_T (\boldsymbol{\tau}-\Pi_{Tk}\boldsymbol{\tau}):\boldsymbol{s}\mathrm{d}x=0, \quad \boldsymbol{s}\in P_{k-1}(T,\mathbb{S}),\end{cases}$$

和

$$\int_T (\boldsymbol{v}-P_{Tk}\boldsymbol{v})\boldsymbol{q}\mathrm{d}x, \quad \boldsymbol{q}\in P_k(T,\mathbb{R}^3). \tag{6-69}$$

与低阶单元相同，我们有

引理 6. 2. 5　由式(6-66)知任意 $\boldsymbol{\tau}\in\sum_{Tk}$，$\boldsymbol{v}\in V_{Tk}$ 由自由度式(6-67)、式(6-68)唯一确定，并且有

$$\Pi_{Tk}\boldsymbol{\tau}(x)=B_T\hat{\Pi}_k\hat{\boldsymbol{\tau}}(\hat{x})B'_T, \quad P_{Tk}\boldsymbol{v}(x)=B_T\hat{P}_k\boldsymbol{v}(\hat{x}),$$

即 Π_{Tk} 和 $\hat{\Pi}_k$，P_{Tk} 和 $\hat{P}_k$ 是仿射等价的.

在 Γ_h 上定义应力和位移的有限元空间

$$\sum_{hk}=\{\boldsymbol{\tau}_h\in L^2(\Omega,\mathbb{S});\boldsymbol{\tau}_h|_T\in\sum_{Tk},\forall T\in\Gamma_h,\int_F[\boldsymbol{\tau}_h\boldsymbol{n}]\cdot\boldsymbol{q}\mathrm{d}s=0,$$
$$\forall\boldsymbol{q}\in P_k(F,\mathbb{R}^3)\text{ 任给 }\Gamma_h\text{ 的面 }F\},$$

$$V_{hk}=\{v_h\in L^2(\Omega,\mathbb{R}^3);\boldsymbol{v}_h|_T\in P_k(T,\mathbb{R}^3),\forall T\in\Gamma_h\}.$$

设有限元插值算子

$$\Pi_{hk}:H^1(\Omega,\mathbb{S})\to\sum_{hk}, \quad \text{且 }\Pi_{hk}|_T=\Pi_{Tk},\forall T\in\Gamma_h,$$

和

$$P_{hk}:L^2(\Omega,\mathbb{R}^3)\to V_{hk}, \quad \text{且 }P_{hk}|_T=P_{Tk},\forall T\in\Gamma_h.$$

类似低阶单元，有

$$\begin{cases} \| \boldsymbol{\tau} - \Pi_{hk}\boldsymbol{\tau} \|_{0,\Omega} \leqslant ch^r |\boldsymbol{\tau}|_{r,\Omega}, & 1 \leqslant r \leqslant k+1, \\ \| \boldsymbol{v} - P_{hk}\boldsymbol{v} \|_{0,\Omega} \leqslant ch^r |\boldsymbol{v}|_{r,\Omega}, & 1 \leqslant r \leqslant k+1. \end{cases}$$

上述有限元空间(Σ_{hk}, V_{hk})满足 $l=k$ 时定理 6.1.1 的条件,则有下面收敛定理.

定理 6.2.2　若使用有限元空间 $Tet-k$,则离散问题式(6-9) 有唯一解和误差估计:

$$\| \boldsymbol{\sigma} - \boldsymbol{\sigma}_h \|_{0,\Omega} + \| \boldsymbol{u} - \boldsymbol{u}_h \|_{0,\Omega} \leqslant ch^r(|\sigma|_{r,\Omega} + |u|_{r+1,\Omega}), \quad 1 \leqslant r \leqslant k,$$

$$\| \mathrm{div}\boldsymbol{\sigma} - \mathrm{div}_h\boldsymbol{\sigma}_h \|_{0,\Omega} \leqslant ch^r |\mathrm{div}\boldsymbol{\sigma}|_{r,\Omega}, \quad 1 \leqslant r \leqslant k+1.$$

如果全椭圆正则性成立, 则

$$\| \boldsymbol{u} - \boldsymbol{u}_h \|_{0,\Omega} \leqslant ch^{r+1}(|\boldsymbol{\sigma}|_{r,\Omega} + |\boldsymbol{u}|_{r+1,\Omega}), \quad 1 \leqslant r \leqslant k.$$

注 6.2.2　(1)对比文献[61]构造的四面体非协调单元,当 $k=1$ 时, 所构造单元的自由度是相同的, 但是应力形函数空间不同. 在文献[61]中形函数空间是$\Sigma_T = \{\boldsymbol{\tau} \in P_2(K;\mathbb{S}) \mid Q_{s_e}\tau Q_{s_e}|_e \in P_1(e;\mathbb{S})$,对于 T 的所有边 $e\}$,这里 s_e 是平行于 e 的单位向量. $Q_{s_e}=I-s_e s_e'$. 这样构造的形函数空间很难推广到高阶单元. 而我们所构造的单元简单, 严格仿射等价并且容易进行数值实验. 事实上在文献[61]中并没有证明单元是仿射等价的.

(2)Gopalakrishnan 和 Guzmán 在文献[60]中构造了四面体单元. 其应力形函数空间是至多 $k+1$ 次的对称张量,并且自由度取法如式(6-67)加上定义在未知数量单元共用的一条棱上,即 $\int_e \boldsymbol{n}^{+'}\boldsymbol{\tau}\boldsymbol{n}^- s\,ds$, $\forall s \in P^{k+1}(e,R)$,在 T 的所有棱 e. n^+和 n^-是 T 的相交在棱 e 上的两个面的法向分量. 在文献[60]中 Gopalakrishnan 和 Guzmán 提出了简化的单元, 其去掉了定义在边上的自由度. 其形函数空间也和本书中的不同,取决于边,正如文献[61]讲的那样"however, their reduced spaces have a drawback, in that they are not uniquely defined, but for each edge of the triangulation require a choice of a favored endpoint of the edge".

简化单元的形函数空间定义为

$$\Sigma_T = \{\boldsymbol{\tau} \in \sum_e p_e \boldsymbol{t}_e \boldsymbol{t}_e' \mid p_e \in P_e\}, \tag{6-70}$$

在六个边上求和，且 $P_e=\{p\in P^{k+1}(K,R):p|_{F(e^*)}\in P^k(F(e^*),R)\}$. 其中 e^* 定义了 e 的对边，$F(e^*)$ 定义交为 e^* 的两个面. 正如文献[61]中提到的，并没有证明在文献[60]的单元是仿射等价的. 同样，我们所构造的单元简单，严格仿射等价并且容易进行数值实验.

§6.3　三角形非协调单元 *Tri-k*

定义参考单元 $\hat{T}=\hat{a}_0(0,0)\hat{a}_1(1,0)\hat{a}_2(0,1)$，设

$$\hat{Q}_{ki}=P_k(\hat{T})\oplus\hat{x}_i\widetilde{P}_k(\hat{T}),\quad i=1,2,k\geqslant 1.$$

其中，$\widetilde{P}_k(\hat{T})=\mathrm{span}\{\hat{x}_1^m\hat{x}_2^l,m+l=k\}$.

定义 $\hat{T}$ 上的形函数空间为

$$\hat{S}_k=\{\hat{\boldsymbol{\tau}}=(\hat{\tau}_{ij})_{2\times 2},\hat{\tau}_{12}=\hat{\tau}_{21};\hat{\tau}_{ii}\in\hat{Q}_{ki},\hat{\tau}_{12}\in\hat{Q}_{k1},i=1,2\}\tag{6-71}$$

$$\dim\hat{S}_k=3\left(\frac{1}{2}(k+2)(k+1)+(k+1)\right)=\frac{3}{2}(k+4)(k+1).$$

自由度定义为

$$\begin{cases}(\text{Ⅰ})\displaystyle\int_{\hat{e}}\hat{\boldsymbol{\tau}}\hat{\boldsymbol{n}}\cdot\hat{\boldsymbol{q}}\,\mathrm{d}s,\quad \hat{\boldsymbol{q}}\in P_k(\hat{e},R^2),\hat{F}\subset\partial\hat{T},\\ (\text{Ⅱ})\displaystyle\int_{\hat{T}}\hat{\boldsymbol{\tau}}:\hat{\boldsymbol{s}}\,\mathrm{d}x,\quad \hat{\boldsymbol{s}}\in P_{k-1}(\hat{T},\mathbb{S}).\end{cases}\tag{6-72}$$

计算得自由度的数量为 $3\cdot 2\cdot(k+1)+3\cdot\frac{1}{2}\cdot(k+1)k=\frac{3}{2}(k+1)(k+4)$.

引理 6.3.1　自由度式(6-72)能够唯一确定空间 $\hat{\boldsymbol{\tau}}\in\hat{S}_k$ 中的元素.

证明：假设 $\hat{\tau}\in\hat{S}_k$ 且上述自由度均为零. 设三角形单元的边 $\hat{e}_1=\hat{a}_0\hat{a}_1,\hat{x}_2=0,\hat{\boldsymbol{n}}_1=(0,1)$；$\hat{e}_2=\hat{a}_0\hat{a}_2,\hat{x}_1=0,\hat{\boldsymbol{n}}_2=(1,0)$，由式(6-72)的第一个条件，有

$$\int_{\hat{e}_1}\hat{\tau}_{11}\hat{p}_1\mathrm{d}\hat{s}=0,\hat{p}_1\in P_k(\hat{x}_1);\int_{\hat{e}_2}\hat{\tau}_{22}\hat{p}_2\mathrm{d}\hat{s}=0,\hat{p}_2\in P_k(\hat{x}_2),$$
$$\int_{\hat{e}_1}\hat{\tau}_{12}\hat{q}_1\mathrm{d}\hat{s}=0,\hat{q}_1\in P_k(\hat{x}_1);\int_{\hat{e}_2}\hat{\tau}_{12}\hat{q}_2\mathrm{d}\hat{s}=0,\hat{q}_2\in P_k(\hat{x}_2).$$

同样,由引理 6.2.1、引理 6.2.4 证明，可知 $\hat{\tau}_{ij}$ 有下面形式:

$$\hat{\tau}_{11}=\hat{x}_1\hat{p},\hat{\tau}_{22}=\hat{x}_2\hat{q},\hat{\tau}_{12}=\hat{x}_1\hat{x}_2\hat{r},\hat{p},\hat{q}\in P_k(\hat{T}),\hat{r}\in P_{k-1}(\hat{T}). \tag{6-73}$$

由式(6-72)的第二个条件有

$$\hat{\tau}_{12}=0. \tag{6-74}$$

$$\int_{\hat{T}}\mathrm{div}\hat{\boldsymbol{\tau}}\cdot\mathrm{div}\hat{\boldsymbol{\tau}}\mathrm{d}\hat{x}=\int_{\partial\hat{T}}\hat{\boldsymbol{\tau}}\hat{\boldsymbol{n}}\cdot\mathrm{div}\hat{\boldsymbol{\tau}}\mathrm{d}\hat{s}-\int_{\hat{T}}\mathrm{div}\hat{\boldsymbol{\tau}}:\hat{\boldsymbol{\varepsilon}}(\mathrm{div}\hat{\boldsymbol{\tau}})\mathrm{d}\hat{x}\xlongequal{(6\text{-}72)}0. \tag{6-75}$$

则 $\mathrm{div}\hat{\boldsymbol{\tau}}=0$,即由式(6-74)得

$$\frac{\partial\hat{\tau}_{11}}{\partial\hat{x}_1}=0,\quad\frac{\partial\hat{\tau}_{22}}{\partial\hat{x}_2}=0.$$

由式(6-73)得 $\hat{\tau}_{11}=0,\hat{\tau}_{22}=0$. □

分别定义一般单元 $\hat{T}$ 上的应力空间和位移空间自由度,

$$\hat{V}_k=P_k(\hat{T},\mathbb{R}^2),\ 且\int_{\hat{T}}\hat{\boldsymbol{v}}\cdot\hat{\boldsymbol{q}}\mathrm{d}\hat{x},\hat{\boldsymbol{q}}\in P_k(\hat{T},\mathbb{R}^2).$$

相应插值算子 $\hat{\Pi}_{\mathrm{k}}:\mathrm{H}^1(\hat{T},\mathbb{S})\rightarrow\hat{S}_k$ 及 $\hat{P}_k:L^2(\hat{T},\mathbb{R}^2)\rightarrow\hat{V}_k$ 定义为

$$\begin{cases}(\mathrm{I})\int_{\hat{e}}(\hat{\boldsymbol{\tau}}-\hat{\Pi}_k\hat{\boldsymbol{\tau}})\hat{\boldsymbol{n}}\cdot\hat{\boldsymbol{q}}\mathrm{d}\hat{s}=0,\quad\hat{\boldsymbol{q}}\in P_k(\hat{e},R^2),\hat{e}\subset\partial\hat{T},\\(\mathrm{II})\int_{\hat{T}}(\hat{\boldsymbol{\tau}}-\Pi_k\hat{\boldsymbol{\tau}}):\hat{\boldsymbol{s}}\mathrm{d}\hat{x}=0,\quad\hat{\boldsymbol{s}}\in P_{k-1}(\hat{T},\mathbb{S}),\end{cases}$$

和

$$\int_{\hat{T}}(\hat{\boldsymbol{v}}-\hat{P}_k\hat{\boldsymbol{v}})\cdot\hat{\boldsymbol{q}}\mathrm{d}\hat{x},\quad\hat{\boldsymbol{q}}\in P_k(\hat{T},\mathbb{R}^2).$$

接下来在一般单元 T 上，定义形函数空间和应力空间及位移空间的自由度，令

$$S_{Tk} = B_T\hat{S}_k B'_T, V_{Tk} = B_T\hat{V}_k \tag{6-76}$$

自由度分别定义如下

$$\begin{cases}(\text{Ⅰ})\int_e \boldsymbol{\tau n}\cdot\boldsymbol{q}\mathrm{d}s, \quad \boldsymbol{q}\in P_k(e,\mathbb{R}^2), e\subset\partial T,\\ (\text{Ⅱ})\int_T \boldsymbol{\tau}:\boldsymbol{s}\mathrm{d}x, \quad \boldsymbol{s}\in P_{k-1}(T,\mathbb{S}),\end{cases} \tag{6-77}$$

和

$$\int_T \boldsymbol{v}\cdot\boldsymbol{q}\mathrm{d}x, \quad \boldsymbol{q}\in P_k(T,\mathbb{R}^2). \tag{6-78}$$

相应的插值算子为 $\Pi_{Tk}:H^1(T,\mathbb{S})\to S_{Tk}$ 和 $P_{Tk}:L_2(T,\mathbb{R}^2)\to V_{Tk}$ 定义为

$$\begin{cases}(\text{Ⅰ})\int_e(\boldsymbol{\tau}-\Pi_{Tk}\boldsymbol{\tau})\boldsymbol{n}\cdot\boldsymbol{q}\mathrm{d}s = 0, \quad \boldsymbol{q}\in P_k(e,\mathbb{R}^2), e\subset\partial T,\\ (\text{Ⅱ})\int_T(\boldsymbol{\tau}-\Pi_{Tk}\boldsymbol{\tau}):\boldsymbol{s}\mathrm{d}x = 0, \quad \boldsymbol{s}\in P_{k-1}(T,\mathbb{S}),\end{cases}$$

和

$$\int_T(\boldsymbol{v}-P_T\boldsymbol{v})\cdot\boldsymbol{q}\mathrm{d}x, \quad \boldsymbol{q}\in P_k(T,R^2).$$

类似于四面体单元的分析方法有如下定理:

引理 6.3.2 式(6-77)、式(6-78)的自由度能够唯一确定由式(6-76)定义的元素 $\boldsymbol{\tau}\in S_{Tk}$ 和 $\boldsymbol{v}\in V_{Tk}$. 且有下面结果

$$\Pi_{Tk}\boldsymbol{\tau}(x) = B_T\hat{\Pi}_k\hat{\boldsymbol{\tau}}(\hat{x})B'_T, P_{Tk}\boldsymbol{v}(x) = B_T\hat{P}_k\hat{\boldsymbol{v}}(\hat{x}),$$

即 Π_{Tk} 和 $\hat{\Pi}_k$, P_{Tk} 和 $\hat{P}_k$ 是仿射等价的.

在剖分 Γ_h 上, 定义相应有限元空间的插值算子:

$$S_{hk} = \{\boldsymbol{\tau}_h\in L^2(\Omega,\mathbb{S}); \boldsymbol{\tau}|_h\in S_{Tk}, \forall T\in\Gamma_h, \int_e[\boldsymbol{\tau}_h\boldsymbol{n}]\cdot q\mathrm{d}s = 0,$$

$$\forall\boldsymbol{q}\in P_k(e,\mathbb{R}), e\text{ 为 }\Gamma_h\text{ 的内部边}\},$$

$$V_{hk} = \{v_h\in L^2(\Omega,\mathbb{R}^2); v_h|_T\in V_{Tk}, \forall T\in\Gamma_h\}.$$

且令

$$\Pi_{hk}:H^1(\Omega,\mathbb{S})\to S_{hk}, \quad \text{且 }\Pi_{hk}|_T = \Pi_{Tk}, \forall T\in\Gamma_h,$$

和

$$P_{hk}: L^2(\Omega, \mathbb{R}^2) \to V_{hk}, \quad 且 P_{hk}|_T = P_{Tk}, \forall T \in \Gamma_h.$$

同样，类似于四面体情况有

$$\begin{cases} \|\boldsymbol{\tau} - \Pi_{hk}\boldsymbol{\tau}\|_{0,\Omega} \leqslant ch^l |\boldsymbol{\tau}|_{l,\Omega}, & 1 \leqslant l \leqslant k+1, \\ \|\boldsymbol{v} - P_{hk}\boldsymbol{v}\|_{0,\Omega} \leqslant ch^l |\boldsymbol{v}|_{l,\Omega}, & 1 \leqslant l \leqslant k+1, \\ \|\boldsymbol{v} - I_l\boldsymbol{v}\|_{1,\Omega} \leqslant ch^r |\boldsymbol{v}|_{r+l,\Omega}, & 1 \leqslant r \leqslant l. \end{cases}$$

与四面体情况相同，核对定理 6.1.1 的条件，在三角形单元 *Tri-k* 中当 $l=k$ 时成立，因此我们有下列收敛性定理.

定理 6.3.1　对于单元 *Tri-k*，离散问题式(6-9)有唯一解和下列误差估计：

$$\|\boldsymbol{\sigma} - \boldsymbol{\sigma}_h\|_{0,\Omega} + \|\boldsymbol{u} - \boldsymbol{u}_h\|_{0,\Omega} \leqslant ch^r(|\boldsymbol{\sigma}|_{r,\Omega} + |\boldsymbol{u}|_{r+1,\Omega}), \quad 1 \leqslant r \leqslant k, \tag{6-79}$$

$$\|\mathrm{div}\boldsymbol{\sigma} - \mathrm{div}_h\boldsymbol{\sigma}_h\|_{0,\Omega} \leqslant ch^r |\mathrm{div}\sigma|_{r,\Omega}, \quad 1 \leqslant r \leqslant k+1. \tag{6-80}$$

若全椭圆正则性成立，则

$$\|\boldsymbol{u} - \boldsymbol{u}_h\|_{0,\Omega} \leqslant ch^{r+1}(|\boldsymbol{\sigma}|_{r,\Omega} + |\boldsymbol{u}|_{r+1,\Omega}), \quad 1 \leqslant r \leqslant k.$$

注 6.3.1　(1) Gopalakrishnan 和 Guzman[60] 也给出了一系列的三角形单元. 其应力形函数空间是次数不大于 $k+1$ 的对称矩阵空间. 自由度定义如式(6-77)，加上定义在公共顶点的自由度，即在 T 的所有顶点 x 上定义自由度 $\boldsymbol{\tau}(x)\boldsymbol{n}^- \cdot (\boldsymbol{n}^+)'$，其中 $\boldsymbol{n}^+$ 和 $\boldsymbol{n}^-$ 是相交在点 x 上的边的法向量. Gopalakrishnan and Guzman[60] 也提出了简化的空间和单元，其形函数空间与我们的不同. 与四面体类似，其自由度不能由单个单元唯一确定.

(2) Arnold 和 Winther[59] 提出了低阶三角形非协调元，其自由度与上述定义式(6-77)、式(6-78)在 $k=1$ 是相同的. 但应力形函数空间与我们的不同，即为 $\Sigma_T = \{\boldsymbol{\tau} \in P_2(T, \mathbb{S}) \mid \boldsymbol{n} \cdot \boldsymbol{\tau n} \in P_1(e)$，在 T 的每一条边 $e\}$，这里 $\boldsymbol{n}$ 是边 e 的单位法向量. 与四面体单元类似，本章所构造单元更加简单，并且在文献[59]中只给出了低阶单元，并没有推广到高阶情况.

(3) 在文献[59,60]中也没有证明所构造单元是仿射等价的.

§ 6.4 简化单元 Tri^*-1 和 Tet^*-1

6.4.1 单元 Tri^*-1

令 Tri^*-1 是三角形单元上的一个简化单元. 令位移的形函数空间如下

$$\hat{V}_1^* = P_0(\hat{T},R^2) \oplus P_0(\hat{T},R)\begin{pmatrix}\hat{x}_2\\ -\hat{x}_1\end{pmatrix} \tag{6-81}$$

自由度取作

$$\int_{\hat{T}} \hat{\boldsymbol{V}} \cdot \hat{\boldsymbol{q}}\,\mathrm{d}\hat{x}, \hat{\boldsymbol{q}} \in \hat{V}_1^*. \tag{6-82}$$

显然,

$$\dim\hat{V}_1^* = 3,\quad \varepsilon(\hat{\boldsymbol{v}}) = 0,\quad \forall \hat{\boldsymbol{v}} \in \hat{V}_1^*. \tag{6-83}$$

令应力形函数空间为

$$\hat{S}_1^* = \{\hat{\boldsymbol{\tau}} \in \hat{S}_1; \mathrm{div}\hat{\boldsymbol{\tau}} \in \hat{V}_1^*\}, \tag{6-84}$$

其中,$\hat{S}_1$ 由式(6-71)给出. 显然,

$$\hat{S}_1^* = P_1(\hat{T},\mathbb{S}) + P_2^*(\hat{T},\mathbb{S}),$$

其中,$P_2^*(\hat{T},\mathbb{S}) = \{\boldsymbol{\tau}=(\hat{\tau}_{ij})_{2\times2}; \hat{\tau}_{12}=\hat{\tau}_{21}, \hat{\tau}_{11}=\hat{x}_1(a_1\hat{x}_1+a_2\hat{x}_2), \hat{\tau}_{12}=\hat{x}_1(b_1\hat{x}_1+b_2\hat{x}_2), \hat{\tau}_{22}=\hat{x}_2(c_1\hat{x}_1+c_2\hat{x}_2), a_i, b_i, c_i \in R, i=1,2$, 满足 $2a_1=2c_2=-b_2$, $2b_1=-(a_2+c_1)\}$.

很容易检验

$$\mathrm{div}\hat{S}_1^* \subset \hat{V}_1^*.$$

自由度取作

$$\int_{\hat{e}} \hat{\boldsymbol{\tau}}\hat{\boldsymbol{n}} \cdot \hat{\boldsymbol{q}}\,\mathrm{d}\hat{s},\quad \hat{\boldsymbol{q}} \in P_1(\hat{e},R^2), \hat{e} \subset \partial\hat{T}, \tag{6-85}$$

计算得 $\dim\hat{S}_1^* = \dim\hat{S}_1 - 3 = 12$, 自由度的数量也是 12.

引理 6.4.1　任给 $\hat{\boldsymbol{\tau}} \in \hat{S}_1^*$ 由式(6-85)所给自由度唯一确定.

说明:假设 $\hat{\boldsymbol{\tau}} \in S_1^*$,且 $\hat{\boldsymbol{\tau}}$ 的自由度全为零. 任意 $\hat{\boldsymbol{v}} \in \hat{V}_1^*$,由 $\mathrm{div}\hat{\boldsymbol{\tau}} \in V_1^*$,且

$$\int_{\hat{T}} \mathrm{div}\hat{\boldsymbol{\tau}} \cdot \hat{\boldsymbol{v}} \mathrm{d}\hat{x} = \int_{\partial\hat{T}} \hat{\boldsymbol{\tau}}\hat{\boldsymbol{n}} \cdot \hat{\boldsymbol{v}} \mathrm{d}\hat{s} - \int_{\hat{T}} \hat{\boldsymbol{\tau}} : \varepsilon(\hat{\boldsymbol{v}}) \mathrm{d}\hat{\boldsymbol{x}} \xlongequal{(6\text{-}84)(6\text{-}85)} 0,$$

有

$$\mathrm{div}\hat{\boldsymbol{\tau}} = 0.$$

因此

$$0 = \int_{\hat{T}} \mathrm{div}\hat{\boldsymbol{\tau}} \cdot \hat{\boldsymbol{v}} \mathrm{d}\hat{x} = \int_{\partial\hat{T}} \hat{\boldsymbol{\tau}}\hat{\boldsymbol{n}} \cdot \hat{\boldsymbol{v}} \mathrm{d}\hat{s} - \int_{\hat{T}} \hat{\boldsymbol{\tau}} : \varepsilon(\hat{\boldsymbol{v}}) \mathrm{d}\hat{\boldsymbol{x}}$$

$$\xlongequal{(6\text{-}85)} - \int_{\hat{T}} \hat{\boldsymbol{\tau}} : \varepsilon(\hat{\boldsymbol{v}}) \mathrm{d}\hat{x},\ \forall \hat{\boldsymbol{v}} \in \ \forall P_1(\hat{T}, \mathbb{R}^2).$$

$$\Rightarrow \int_{\hat{T}} \hat{\boldsymbol{\tau}} \mathrm{d}\hat{x} = 0. \tag{6-86}$$

由于 $\hat{S}_1^* \subset S_1$,则由式(6-85)、式(6-86)和引理 6.2.1, 得 $\hat{\tau}=0$. □

在一般单元 $T \in \Gamma_h$上, 分别定义应力和位移的形函数空间

$$S_{T1}^* = B_T \hat{S}_1^* B'_T, \quad V_{T1}^* = B_T V_1^*$$

在剖分 Γ_h下, 定义应力和位移的有限元空间

$$S_{h1}^* = \{\boldsymbol{\tau}_h \in L^2(\Omega, \mathbb{S}); \boldsymbol{\tau}_h|_T \in S_{T1}^*, \forall T \in \Gamma_h, \int_e [\boldsymbol{\tau}_h \boldsymbol{n}] \cdot \boldsymbol{q} \mathrm{d}s = 0,$$

$$\forall \boldsymbol{q} \in P_1(e, \mathbb{R}^2), e \text{ 为 } \Gamma_h \text{的内部边}\},$$

$$V_{h1}^* = \{v_h \in L^2(\Omega, \mathbb{R}^2); v_h|_T \in V_{T1}^*, \forall T \in \Gamma_h\}.$$

然而, 空间 S_{h1}^* 和 V_{h1}^* 在式(6-3)的 Piola 变换下是不同的[59]. 因此,假设任给的 $T \in \Gamma_h$,T 与参考单元 $\hat{T}$ 相似. 即为相似网格,在相似的网格剖分 Γ_h上,单元 *Tri*−1 的所有性质在 *Tri** −1 上均成立, 除了 L^2−投影算子.

$P_{h1}^*: L^2(\Omega, \mathbb{R}^2) \to V_{h1}^*$ 的误差估计为

$$\| \boldsymbol{v} - P_{h1}^* \boldsymbol{v} \|_{0,\Omega} \leqslant ch^m |\boldsymbol{v}|_{m,\Omega}, \quad 0 \leqslant m \leqslant 1. \tag{6-87}$$

由定理 6.1.1 有

定理 6.4.1　在剖分 Γ_h下, 单元 *Tri** −1 使离散问题式(6-9)有唯

一解和下面的误差估计：

$$\|\boldsymbol{\sigma}-\boldsymbol{\sigma}_h\|_{0,\Omega}+\|\boldsymbol{u}-\boldsymbol{u}_h\|_{0,\Omega}\leqslant ch(|\boldsymbol{\sigma}|_{1,\Omega}+|\boldsymbol{u}|_{2,\Omega}),$$

$$\|\operatorname{div}\boldsymbol{\sigma}-\operatorname{div}_h\boldsymbol{\sigma}_h\|_{0,\Omega}\leqslant ch|\operatorname{div}\boldsymbol{\sigma}|_{1,\Omega}.$$

注 6. 4. 1 (1) 上述单元 Tri* −1 与 Arnold 和 Wintheris 在文献[59]的第五部分类似，但其有限元空间是不同的.

(2) 对比定理 6. 4. 1 和定理 6. 2. 1，散度的误差估计降低，然而离散问题求解的计算量降低了 40%[59].

6. 4. 2 单元 *Tet** −1

接下来定义简化的四面体单元 Tet* −1. 令位移的形函数空间

$$\hat{V}_1^*=P_0(\hat{T},R^3)\oplus \boldsymbol{a}\wedge\hat{\boldsymbol{x}},\ \boldsymbol{a}\in R^3, \tag{6-88}$$

和自由度

$$\int_{\hat{T}}\hat{\boldsymbol{v}}\cdot\boldsymbol{q}\mathrm{d}\hat{x},\hat{\boldsymbol{q}}\in\hat{V}_1^*. \tag{6-89}$$

显然

$$\dim\hat{V}_1^*=6,\varepsilon(\hat{\boldsymbol{v}})=0,\ \forall\hat{\boldsymbol{v}}\in\hat{V}_1^*. \tag{6-90}$$

令应力的形函数空间

$$\hat{\sum}_1^*=\{\hat{\boldsymbol{\tau}}\in\hat{\sum}_1;\operatorname{div}\hat{\boldsymbol{\tau}}\in\hat{V}_1^*\}, \tag{6-91}$$

其中，$\hat{\sum}_1$ 如式(6-28)定义，

$$\hat{\sum}_1^*=P_1(\hat{T},\mathbb{S})+Q_2^*(\hat{T},\mathbb{S}),$$

其中，$Q_2^*(\hat{T},\mathbb{S})=\{\hat{\boldsymbol{\tau}}\subset(\hat{\tau}_{ij})_{3\times3};\hat{\tau}_{ij}=\hat{\tau}_{ji},\hat{\tau}_{ii}=\hat{x}_i\sum_{l=1}^{3}a_{il}\hat{x}_l,\hat{\tau}_{ii+1}=\hat{x}_i\sum_{l=1}^{3}b_{il}\hat{x}_l,1\leqslant i\leqslant 3,\mathrm{mod}(3)$，满足 $2a_{ii}+b_{i,i+1}+b_{i-1,i}=0,2b_{ii}+a_{i,i+1}+a_{i+1,i}+b_{i-1,i+1}=0,1\leqslant i\leqslant 3,\mathrm{mod}(3)\}$.

自由度定义为

$$\int_{\hat{F}}\hat{\boldsymbol{\tau}}\hat{\boldsymbol{n}}\cdot\hat{\boldsymbol{q}}\mathrm{d}\hat{s},\quad\forall\hat{\boldsymbol{q}}\in P_1(\hat{F},R^3),F\subset\partial\hat{T},$$

$\hat{\sum}_1^*$ 空间的维数和自由度数量是 36.

同样,可得定理 6. 4. 1 对于单元 Tet^*-1 成立. 此单元 Tet^*-1 与 Arnold,Awanou 和 Winther 在文献[61]提出的单元类似, 但是有不同的应力有限元空间.

§ 6. 5　数值算例

计算二维情况下在 $[0,1]^2$ 区间上的弹性问题. 弹性方程如下：

$$\begin{cases} A\boldsymbol{\sigma} = \varepsilon(\boldsymbol{u}), & \text{in } \Omega, \\ \operatorname{div}\boldsymbol{\sigma} = \boldsymbol{f}, & \text{in } \Omega, \\ \boldsymbol{u} = 0, & \text{on } \partial\Omega, \end{cases}$$

其中

$$A\boldsymbol{\sigma} = \frac{1}{2\mu}\left(\boldsymbol{\sigma} - \frac{\lambda}{2\mu + 2\lambda}\operatorname{tr}(\boldsymbol{\sigma})\delta\right),$$

Lamé 常数是 $\mu = 1/2, \lambda = 1$,方程中 δ 是单位矩阵.

设位移为

$$\boldsymbol{u} = \begin{pmatrix} 4x(1-x)y(1-y) \\ -4x(1-x)y(1-y) \end{pmatrix},$$

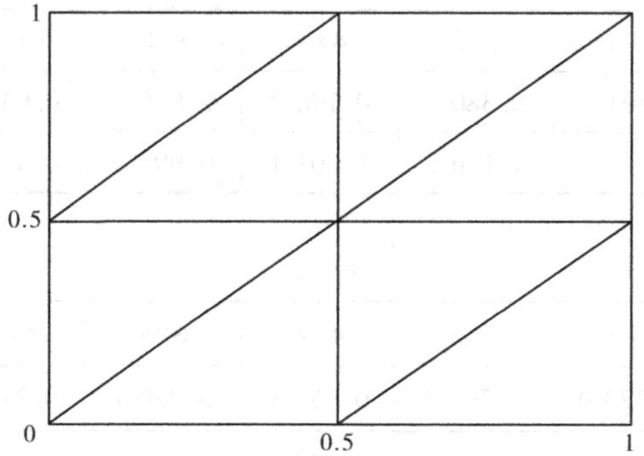

图 6-1　2×2 三角形剖分

令误差 Error1 = $\| \boldsymbol{\sigma}-\boldsymbol{\sigma}_h \|_0$. Error2 = $\| \mathrm{div}\boldsymbol{\sigma}-\mathrm{div}\boldsymbol{\sigma}_h \|_0$. Error3 = $\| \boldsymbol{u}-\boldsymbol{u}_h \|_0$，计算见表 6-1～表 6-3.

表 6-1

网格 $n\times n$	1×1	2×2	4×4	8×8	16×16	32×32
Error1	0.844 0	0.381 1	0.188 6	0.094 9	0.047 9	0.024 1
收敛阶	—	1.147 1	1.014 8	0.990 8	0.986 4	0.991 0

表 6-2

网格 $n\times n$	1×1	2×2	4×4	8×8	16×16	32×32
Error2	1.066 7	0.266 7	0.066 7	0.016 7	0.004 2	0.001 0
收敛阶	—	1.999 9	1.999 5	1.997 8	1.991 4	2.070 4

表 6-3

网格 $n\times n$	1×1	2×2	4×4	8×8	16×16	32×32
Error3	0.115 1	0.042 1	0.012 5	0.003 3	0.000 9	0.000 2
收敛阶	—	1.451 0	1.751 9	1.921 4	1.874 5	2.169 9

在刚体运动下，我们也得到了相应得误差估计，见表 6-4～表 6-6.

表 6-4

网格 $n\times n$	1×1	2×2	4×4	8×8	16×16	32×32
Error1	0.831 3	0.380 7	0.190 2	0.095 3	0.048 0	0.024 1
收敛阶	—	1.126 7	1.001 1	0.997 0	0.989 4	0.994 0

表 6-5

网格 $n\times n$	1×1	2×2	4×4	8×8	16×16	32×32
Error2	3.320 0	1.706 2	0.858 8	0.430 1	0.215 1	0.107 6
收敛阶	—	0.960 4	0.990 4	0.997 7	0.999 7	0.999 3

表 6-6

网格 $n\times n$	1×1	2×2	4×4	8×8	16×16	32×32
Error3	0.120 4	0.070 1	0.034 2	0.016 7	0.008 2	0.004 1
收敛阶	—	0.780 3	1.035 4	1.034 1	1.026 2	1.000 0

在上述计算中，我们对网格进行了均匀的分割，$(\boldsymbol{\sigma},\boldsymbol{u})$ 和 $(\boldsymbol{\sigma}_h,\boldsymbol{u}_h)$ 是对应于原方程的真解和有限元解. 由表 6-4～表 6-6 中数据可以看到，最低阶单元的收敛阶与理论分析一致，也证明了我们理论分析的有效性.

参考文献

[1] Ciarlet P G. The finite element method for elliptic problems[M]. Amsterdam: North-Holland, 1978:1-80.

[2] Apel T. Anisotropic finite elements: Local estimates and applications[M]. Stuttgart: Teubner, 1999.

[3] Chen S C, Shi D Y, Zhao Y C. Anisotropic interpolations and quasi-Wilson element for narrow quadrilateral meshes[J]. SIAM J. Numer. Anal., 2004, 24: 77-95.

[4] Chen S C, Xiao L C. Interpolation theory of anisotropic finite elements and applications[J], Sci. China Math., 2008, 51(8): 1361-1375.

[5] Chen S C, Zheng Y J, Mao S P. Anisotropic error bounds of Lagrange interpolation with any order in two and three dimensions[J]. Appl. Math. Comput., 2011, 217 (22): 9313-9321.

[6] Chen S C, Li Y, Mao S P. An anisotropic, superconvergent nonconforming plate finite element[J]. J. Comput. Appl. Math., 2008, 220(1-2): 96-110.

[7] Chen S C, Liu M F, Qiao Z H. An anisotropic nonconforming element for fourth order elliptic singular perturbation problem[J]. Int. J. Numer. Anal. and Model., 2010, 7(4): 766-784.

[8] Mao S P, Chen S C, Sun H X. A quadrilateral, anisotropic, superconvergent, nonconforming double set parameter element[J]. Appl. Numer. Math., 2006, 56 (7): 937-961.

[9] Mao S P, Chen S C. Convergence analysis of Morley element on anisotropic meshes [J]. J. Comput. Math., 2006, 24(2): 169-180.

[10] Shi D Y, Mao S P, Chen S C. On the anisotropic accuracy analysis of ACM's nonconforming. finite element[J]. J. Comput. Math., 2005, 23(6): 635-646.

[11] Shi D Y, Xu C. An anisotropic locking-free nonconforming triangular finite element method for planar linear elasticity problem[J]. J. Comput. Math., 2012, 30(2): 124-138.

[12] Babuska I. The finite element method with lagrange multipliers[J]. Numer.

Math. , 1973, 20(3): 179-192.

[13] Brezzi F. On the existence uniqueness and approximation of saddle point problems arising from Lagrange multipliers[J]. RAIRO. Anal. Numer. ,1974, 8(2): 129-151.

[14] Brezzi F, Fortin M. Mixed and hybrid finite element methods[M]. New York: Springer,1991.

[15] Bochev P, Gunzburger M. Least-squares finite element methods for elliptic equations[J]. SIAM Review, 1998, 40(4): 789-837.

[16] Rui H X, Kim S D,Kim S. Split least-squares finite element methods for linear and nonlinear parabolic problems[J]. J. Comp. Appl. Math. , 2009, 223(2): 938-952.

[17] Chen Y P, Yu D H. Superconvergence of least-squares mixed finite element for second-order elliptic problems[J]. J. Comput. Math. , 2003, 21(6): 825-832.

[18] Shi D Y, Zhou J Q, Shi D W. A new low order least squares nonconforming characteristics mixed finite element method for Burgers′ equation[J]. Appl. Math. Comput. , 2013, 219(24):11302-11310.

[19] 罗振东, 毛允魁, 朱江. 定常的磁流体动力学问题的 Galerkin-Petrov 最小二乘混合元方法 [J]. 应用数学和力学, 2007, 28(3): 359-368.

[20] Shi D Y, Ren J C. A least square Galerkin-Petrov nonconforming finite element method for the stationary Conduction-Convection problem[J]. Nonlinear Anal. , 2010, 72(3-4): 1653-1667.

[21] 郭玲, 陈焕贞, Sobolev 方程的 H^1-Galerkin 混合有限元方法 [J]. 系统科学与数学, 2006, 26(3): 301-314.

[22] Shi D Y, Wang H H. Nonconforming H^1-Galerkin mixed FEM for sobolev equations on anisotropic meshes[J]. Acta. Math. Appl. Sini. , 2009, 25(2): 335-344.

[23] Pani A K, An H^1-Galerkin mixed finite element method for parabolic partial differential equations [J]. SIAM J. Numer. Anal. , 1998, 35(2): 721-727.

[24] Zhang Y D, Shi D Y. Superconvergence of an H^1-Galerkin nonconforming mixed finite element method for a parabolic equation[J]. Comput. Math. Appl. , 2013, 66 (11): 2362-2375.

[25] Manickam S A V, Moudgalya K K, Pani A K. Higher order fully discrete scheme

combined with H^1-Galerkin mixed finite element method for semilinear reaction-diffusion equations [J]. J Appl. Math. Comput., 2004, 15(1-2): 1-28.

[26] 石东洋, 唐启立, 董晓靖. 强阻尼波动方程的 H^1-Galerkin 混合有限元超收敛分析[J]. 计算数学, 2012, 34(3): 317-328.

[27] Shi D Y, Tang Q L. Nonconforming H^1-Galerkin mixed finite element method for strongly damped wave equations[J]. Numer. Funct. Anal. Optim., 2013, 34 (12): 1348-1369.

[28] Brezzi F, Douglas J Jr. Stabilized mixed method for the Stokes problem[J]. Numer. Math., 1988, 53(1): 225-235.

[29] Bochev P, Dohrmann C, Gunzburger M. Stabilization of low-order mixed finite element for the Stokes equations[J]. SIAM J. Numer. Anal., 2006, 44(1): 82-101.

[30] Li J, Chen Z X. A new local stabilized nonconforming finite element method for the Stokes equations[J]. Computing, 2008, 82(2): 157-170.

[31] Li J, He Y N. A stabilized finite element method based on two local Gauss integrations for the Stokes equations[J]. J. Comp. Appl. Math., 2008, 214(1): 58-65.

[32] Li J, Mei L Q, Chen Z X. Superconvergence of a stabilized finite element approximation for the Stokes equations using a local coarse mesh L^2 projection[J]. Numer. Methods for PDES, 2012, 28(1): 115-126.

[33] Lamichhane B P. A stabilized mixed finite element method for the biharmonic equation based on biorthogonal systems[J]. J. Comp. Appl. Math., 2011, 235 (17):5188-5197.

[34] Ge Z H, Feng M F, He Y N. A stabilized nonconforming finite element method based on multiscale enrichment for the stationary Navier-Stokes equations[J]. Appl. Math. Comp., 2008, 202(2): 700-707.

[35] Johnson C, Mercier B. Some equilibrium finite element methods for two dimensional elasticity problems[J]. Numer. Math., 1978, 30(1): 103-116.

[36] Arnold D N, Douglas J Jr, Gupta C P. A family of higher order mixed finite element methods for plane elasticity[J]. Numer. Math., 1984, 45(1): 1-22.

[37] Zienkiewicz O C. Displacement and equilibrium models in the finite element method by B. Fraeijs de Veubeke, chapter 9, Pages 145-197 of Stress Analysis, Edited by O. C. Zienkiewicz and G. S. Holister, Published by John Wiley and

Sons, 1965. Int[J]. J. Meth. Engng, 2001, 52 (3): 287-342.

[38] Watwood V B, Hartz B J. An equilibrium stress field model for finite element solution of two dimensional elastostatic problems[J]. Int. J. Solids Struct., 1968, 4: 857-873.

[39] Arnold D N, Brezzi F, Douglas J. A new mixed finite element for plane elasticity [J]. Japan. J. Appl. Math., 1984, 1(2): 347-367.

[40] Amara M, Thomas J M. Equilibrium finite elements for the linear elastic problem [J]. Numer. Math., 1979, 33: 367-383.

[41] Arnold D N, Falk R S, Winther R. Mixed finite element methods for linear elasticity with weakly imposed symmetry[J], Math. Comp., 2007, 76: 1699-1723.

[42] Boffi D, Brezzi F, Fortin M. Reduced symmetry elements in linear elasticity[J]. Commun. Pure Appl. Anal., 2009, 8(1): 95-121.

[43] Cockburn B, Gopalakrishnan J, Guzman J. A new elasticity element made for enforcing weak stress symmetry[J]. Math. Comp., 2010, 79(271): 1331-1349.

[44] Falk R S. Finite element methods for linear elasticity, in Mixed finite elements, compatibility conditions, and applications, (Daniele Boffi and Lucia Gastaldi, eds.), Lecture Notes in Mathematics[A]. vol. 1939, Springer-Verlag, Berlin, 2008, Lectures given at the C. I. M. E. Summer School held in Cetraro, June 26-July 1, 2006.

[45] Gopalakrishnan J, Guzman J. A second elasticity element using the matrix bubble [J]. IMA J. Numer. Anal., 2012, 32(1): 352-372.

[46] Guzman J. A unified analysis of several mixed methods for elasticity with weak stress symmetry[J]. J. Sci. Comput., 2010, 44(2): 156-169.

[47] Man H Y, Hu J, Shi Z C. Lower order rectangular nonconforming mixed finite element for the three-dimensional elasticity problem[J]. Math. Models Methods Appl. Sci., 2009, 19(1): 51-65.

[48] Stenberg R. On the construction of optimal mixed finite element methods for the linear elasticity problem[J]. Numer. Math., 1986, 48 (4): 447-462.

[49] Stenberg R. A family of mixed finite elements for the elasticity problem[J]. Numer. Math., 1988, 53(5): 513-538.

[50] Stenberg R. Two low-order mixed methods for the elasticity problem, The mathematics of finite elements and applications[J]. VI (Uxbridge, 1987), Academic Press, London, 1988, 6: 271-280.

[51] Anold D N, Winther R. Mixed finite elements for elasticity[J]. Numer. Math., 2002, 92(4): 401-419.

[52] Arnold D N, Awanou G. Rectangular mixed finite elements for elasticity[J]. Math. Models Methods Appl. Sci., 2005, 15(9): 1417-1429.

[53] Chen S C, Wang Y N. Conforming rectangular mixed finite elements for elasticity [J]. J. Sci. comput., 2011, 47(1): 93-108.

[54] Hu J, Man H Y, Zhang S Y. A simple conforming mixed finite element for linear elasticity on rectangular grids in any space dimension[J]. J. Sci. comput., 2014, 58(2): 367-379.

[55] Awanou G. Two remarks on rectangular mixed finite elements for elasticity[J]. J. Sci. Comput., 2012, 50(1): 91-102.

[56] Adams S, Cockburn B. A mixed finite element for elasticity in three dimension [J]. J. Sci. comp., 2005, 25(3): 515-521.

[57] Arnold D N, Awanou G, Winther R. Finite elements for symmetric tensors in three dimensions[J]. Math. Comp., 2008, 77(263): 1229-1251.

[58] Hu J, Zhang S Y. A family of symmetric mixed finite elements for linear elasticity on tetrahedral grids[J]. Sci. China Math., 2015, 58(2): 297-307.

[59] Arnold D N, Winther R. Nonconforming mixed elements for elasticity. Math[J]. Models Methods Appl. Sci., 2003, 13(3): 295-307.

[60] Gopalakrishnan J, Guzmán J. Symmetric non-conforming mixed finite elements for linear elasticity[J]. SIAM J. Numer. Anal., 2011, 49(4): 1504-1520.

[61] Arnold D N, Awanou G, Winther R. Nonconforming tetrahedral mixed finite elements for elasticity[J]. Math. Models Methods Appl. Sci., 2014, 24(4): 783-796.

[62] Awanou G. A rotated nonconforming rectangular mixed element for elasticity[J]. Calcolo, 2009, 46(1): 49-60.

[63] Hu J, Shi Z C. Lower order rectangular nonconforming mixed finite elements for plane elasticity[J]. SIAM J. Numer. Anal., 2007, 46(1): 88-102.

[64] Yi S Y. Nonconforming mixed finite element methods for linear elasticity using rectangular elements in two and three dimensions[J]. Calcolo, 2005, 42(2): 115-133.

[65] Yi S Y. A new nonconforming mixed finite element method for linear elasticity [J]. Math. Models Methods Appl. Sci., 2006, 16(7): 979-999.

[66] Hu J, Man H Y, Zhang S Y. The simplest mixed finite element method for linear elasticity in the symmetric formulation on n-rectangular grids[J]. Arxiv:1304.5428v1[math NA]19 Apr, 2013.

[67] Chen S C, Sun Y P, Zhao J K. The simplest conforming anisotropic rectangular and cubic mixed finite elements for elasticity[J]. Appl. Math. Comp., 2015, 265: 292-303.

[68] Adams R A, Fournier J J F. Sobolev spaces (second edition)[M]. (Pure and applied mathematics series, Vol. 140). USA: Academic press, 2003.

[69] 王烈衡, 许学军. 有限元方法的数学基础[M]. 北京: 科学出版社, 2004.

[70] Ciarlet P G. The finite element method for elliptic problems[M]. Society for industrial and Applied Mathematic, 2002.

[71] Brenner S C, Scott R. The mathematical theory of finite element methods[M]. Springer, 2008.

[72] Brezzi F, Fortin M. Mixed and hybrid finite element methods[M]. Springer-Verlag, New York, 1991.

[73] Payne L E, Weinberger H F. An optimal Poincare inequality for convex domains [J]. Arch. Rational Mech. Anal., 1960, 5(1): 286-292.

[74] Bebenderf M. A note on the Poincare inequality for convex domains [J]. Zeitschrift fur Analysis und ihre Anwendungen, 2003, 22(4): 751-756.

[75] Chen S C, Zheng Y J, Mao S P. Anisotropic error bounds of Lagrange interpolation with any order in two and three dimensions[J]. Appl. Math. Comp., 2011, 21(722): 9313-9321.

[76] Clément P. Approximation by finite element functions using local regularization [J]. Rev. Francaise Automat. Informat. Recherche Opérationelle Sér. Rouge, 1975, 9(2): 77-84.

[77] Hu J, Man H Y, Zhang S Y. A simple conforming mixed finite element for linear elasticity on rectangular grids in any space dimension[J]. J. Sci. Comput., 2014, 58(2): 367-379.

[78] Hu J. A new family of efficient conforming mixed finite elements on both rectangular and cuboid meshes for linear elasticity in the symmetric formulation[J]. SIAM J. Numer. Anal., 2015, 53(3): 1438-1463.

[79] Bacuta C, Bramble J H. Regularity estimates for solutions of the equations of linear elasticity in convex plane polygonal domains[J]. Z. Angew. Math. Phys.,

2003, 54(5):874-878.

[80] Morley M E. A family of mixed finite elements for linear elasticity[J]. Numer. Math, 1989, 55(6): 633-666.